舌尖上的

营养靓汤

于雅婷◎主编

世界图书出版公司

图书在版编目（CIP）数据

舌尖上的营养靓汤 / 于雅婷主编 . -- 北京 : 世界图书出版公司 , 2022.8
ISBN 978-7-5192-9749-7

Ⅰ . ①舌… Ⅱ . ①于… Ⅲ . ①保健—汤菜—菜谱 Ⅳ . ① TS972.122

中国版本图书馆 CIP 数据核字 (2022) 第 154813 号

书　　名	舌尖上的营养靓汤
（汉语拼音）	SHEJIANSHANG DE YINGYANG LIANGTANG
主　　编	于雅婷
总 策 划	吴　迪
责任编辑	韩　捷
装帧设计	夕阳红
出版发行	世界图书出版公司长春有限公司
地　　址	吉林省长春市春城大街 789 号
邮　　编	130062
电　　话	0431-86805559（发行）　0431-86805562（编辑）
网　　址	http：//www.wpcdb.com.cn
邮　　箱	DBSJ@163.com
经　　销	各地新华书店
印　　刷	唐山富达印务有限公司
开　　本	787 mm×1092 mm　1/16
印　　张	16.5
字　　数	444 千字
印　　数	1—5 000
版　　次	2023 年 1 月第 1 版　　2023 年 1 月第 1 次印刷
国际书号	ISBN 978-7-5192-9749-7
定　　价	48.00 元

目　录

第一章
常喝养生汤，身体更健康

2　煲汤有方，留住营养
5　喝汤有方，身体健康
7　煲汤、喝汤宜忌
11　对症喝汤，有益健康
12　不同人群的喝汤方法
13　喝汤应分季节
19　掌握食物四性五味，煲出健康营养汤

第二章
最受欢迎的17道养生汤

22　番茄鸡蛋汤
22　紫菜蛋花汤
23　海带排骨汤
24　莲藕龙骨汤
25　玉米胡萝卜脊骨汤
26　鱼片豆腐汤
27　冬瓜老鸭汤
27　清炖甲鱼汤
28　黄豆猪蹄汤
29　香菜豆腐鱼头汤
30　花生煲凤爪香菇汤
30　生地煲龙骨汤
31　清炖牛肉汤
32　酸辣汤
33　罗宋汤
34　萝卜煲羊腩汤
34　苦瓜海带瘦肉汤

第三章
小火炖汤最营养

38 芝麻枸杞乌鸡汤
38 红豆乌鸡汤
39 参须蜜梨乌鸡汤
39 荞麦白果乌鸡汤
40 黄芪桂圆老鸡汤
40 哈密瓜螺肉鸡汤
41 海参鸡肉汤
41 熟地天冬炖鸡
42 燕窝红枣鸡丝汤
42 桑枝煲老母鸡
43 香菇炖鸡
43 芥菜鱼头汤
44 百合麦冬瘦肉汤
44 胡萝卜马蹄瘦肉汤
45 银耳蜜梨炖瘦肉
45 苹果蜜梨炖瘦肉
46 瘦肉藕节红豆汤
46 黄芪党参瘦肉汤
47 麻仁当归猪肉汤
47 杏仁猪肉汤
48 胡萝卜慈姑瘦肉汤
48 苦瓜酸菜瘦肉汤
49 玉竹瘦肉汤
49 党参麦冬瘦肉汤
50 枸杞菟丝鹌鹑蛋汤
50 甘蔗瘦肉汤
51 绿豆马齿苋瘦肉汤

51 人参双蜜瘦肉汤
52 三子瘦肉汤
52 茅根瘦肉汤
53 蜜梨猪肉汤
53 玄参瘦肉汤
54 红豆茅根瘦肉汤
54 黑木耳红枣瘦肉汤
55 哈密瓜银耳瘦肉汤
55 党参山药猪肉汤
56 红枣沙参煲羊脊骨
56 小白菜炖猪骨汤
57 川贝炖豆腐
57 生地槐花脊骨汤
58 芹菜苦瓜瘦肉汤
58 藕节生地排骨汤
59 沙参玉竹老鸭汤
59 归芪炖猪蹄
60 蚌肉炖老鸭
60 熟地炖老鸭
61 花旗参冬瓜鸭汤
61 花旗参炖鸭
62 川贝蜜梨猪肺汤
62 杏仁百合猪肺汤
63 芡实老鸽汤
63 冰糖燕窝炖乳鸽
64 桂圆猪心汤
64 生地绿豆白鸽汤
65 生地黄芪猪胰汤
65 海参鳖甲猪脊骨汤
66 当归牛尾汤
66 当归牛肉汤
67 田七生地猪肚汤
67 猪皮蹄髈红枣汤
68 大白菜牛百叶汤
68 青豆牛肉汤
69 续断核桃仁牛尾汤

69 山药羊肉汤
70 巴戟锁阳羊腰汤
70 洋葱羊肉汤
71 参芪兔肉汤
71 参茸枸杞炖龟肉
72 芡实枸杞龟苓汤
72 黄芪薏米乌龟汤
73 山药炖甲鱼
73 沙参玉竹炖甲鱼
74 桂圆枸杞炖甲鱼
74 黄花菜炖甲鱼
75 熟地枸杞炖甲鱼
75 石斛玉竹甲鱼汤
76 铁观音鲫鱼汤
76 党参白术山药鲫鱼汤
77 节瓜薏米鳝鱼汤
77 山药玉竹炖鳝鱼
78 豆腐鳝鱼汤
78 花旗参无花果黑鱼汤
79 番茄豆腐鱼丸汤
79 麦冬海鲜节瓜汤
80 胡萝卜甘蔗马蹄汤
80 黄芪糯米鲈鱼汤
81 白术陈皮鲈鱼汤
81 黄花菜炖墨鱼汤
82 胡萝卜墨鱼煲排骨
82 海带萝卜汤
83 黑豆鲤鱼汤
83 莲藕鲤鱼汤
84 巴戟苁蓉鱼卵汤
84 田七炖鱼尾
85 咸蛋节瓜鱼尾汤
85 南瓜大蒜牛蛙汤
86 清炖生蚝
86 油菜无花果河鱼干汤
87 胡萝卜瘦肉黑鱼汤
87 西芹豆腐鱼尾汤

第四章
一定要喝的老火靓汤

90 鸡爪猪骨汤
90 黄豆猪骨汤
91 胡萝卜豆腐猪骨汤
91 胡椒猪肚汤
92 板栗鸡肉汤
92 丹参田七鸡汤
93 黄芪海参汤
93 党参鸡翅汤
94 生地母鸡汤
94 党参田七鸡肉汤
95 桑枝绿豆鸡肉汤
95 黑豆乌鸡汤
96 木瓜煲乌鸡
96 木瓜煲老鸭
97 冬瓜荷叶老鸭汤
97 薏米绿豆老鸭汤
98 杜仲猪尾汤
98 莲子山药鹌鹑汤
99 麦芽灯芯草鲜胗汤
99 木瓜鲈鱼汤

100 木瓜排骨汤
100 黄豆排骨汤
101 黄瓜蜜枣排骨汤
101 花生木瓜排骨汤
102 生地莲藕排骨汤
102 枸杞菊花煲排骨
103 腐竹白果排骨汤
103 板栗香菇鸡爪猪骨汤
104 双瓜脊骨汤
104 凉薯花生脊骨汤
105 白果脊骨汤
105 番茄土豆脊骨汤
106 黄精山楂脊骨汤
106 芦笋排骨汤
107 黑豆排骨汤
107 扁豆排骨汤
108 茅根猪肚汤
108 无花果花生猪肚汤
109 黑木耳海参猪肠汤
109 山楂麦芽猪胰汤
110 玉米哈密瓜猪胰汤
110 银耳香菇猪胰汤
111 槐花猪肠汤
111 银耳海参猪肠汤
112 参芪猪肚汤
112 山药麦芽牛肚汤
113 海带鳖甲猪肉汤
113 海带瘦肉汤
114 苦瓜酸菜瘦肉汤
114 冬瓜皮青豆瘦肉汤
115 无花果苹果猪腿肉汤
115 伸筋草猪蹄浓汤
116 芦荟猪蹄汤
116 萝卜干蜜枣猪蹄汤
117 当归羊肉汤
117 党参羊肚汤
118 羊肉清汤
118 冬瓜海带排骨汤
119 巴戟枸杞羊肉汤
119 萝卜羊肚汤
120 山药枸杞牛肉汤
120 花生牛肉汤

121 萝卜牛肚汤
121 巴戟杜仲牛鞭汤
122 冬瓜兔肉汤
122 木耳腐竹兔肉汤
123 冬瓜海米汤
123 白菜干贝鲜胗汤
124 冬瓜红豆黑鱼汤
124 胡萝卜香菇海蜇汤
125 竹笋西瓜皮鲤鱼汤
125 当归白芷枸杞鲤鱼汤
126 白茅根煮鲫鱼汤
126 丝瓜豆腐鱼头汤
127 清煲小白菜
127 空心菜茅根瘦肉汤
128 苦瓜蚝豉瘦肉汤
128 麦冬扁豆冬瓜汤
129 莴笋炖兔肉
129 苦瓜红豆排骨汤

第五章 春季宜喝的养生汤

132 苹果雪梨煲牛腱
132 百合桂圆瘦肉汤
133 芹菜牛肉汤
133 山药熟地瘦肉汤
134 山药牛奶瘦肉汤
134 党参灵芝瘦肉汤
135 山药豆薯瘦肉汤
135 苹果银耳猪腱汤
136 无花果苹果猪腿汤
136 芋头排骨汤
137 绿豆陈皮排骨汤
137 党参豆芽猪骨汤
138 薏米猪蹄汤
138 板栗桂圆炖猪蹄
139 粉葛猪蹄汤

139 银耳炖猪蹄
140 花生猪蹄汤
140 章鱼干花生猪蹄汤
141 黄芪龙骨汤
141 白芷鱼头汤
142 冬瓜脊骨汤
142 玉米须山药猪尾汤
143 山药花生炖猪尾
143 韭菜豆芽猪血汤
144 香菜猪肝汤
144 胡萝卜猪肝汤
145 猪肝豆腐汤
145 党参山药猪胰汤
146 腐竹猪肚汤
146 白果覆盆子猪肚汤
147 枸杞猪心汤
147 茯苓黄花菜猪心汤
148 油菜猪腰汤
148 冬瓜火腿汤
149 首乌鸡肉汤
149 桂圆煲整鸡
150 杂菌炖鸡
150 猴头菇炖母鸡
151 猴头菇黄芪炖鸡
151 桑螵蛸红枣鸡腿汤
152 人参糯米鸡腿汤
152 人参红枣鸡腿汤
153 板栗煲鸡汤
153 山药鸡腿汤
154 桂圆鸡心汤
154 五子下水汤
155 土茯苓绿豆老鸭汤
155 补骨脂芡实鸭汤

156 参枣老鸽汤
156 玉竹沙参炖鹌鹑
157 桂圆百合炖鹌鹑
157 苹果黑鱼汤
158 粉葛银鱼汤
158 黄芪带鱼汤
159 乌梅银耳鲤鱼汤
159 芡实鲫鱼汤
160 木瓜鱼尾汤
160 杜仲炖虾
161 茯苓乌龟汤
161 芡实薏米牛蛙汤
162 党参鳝鱼汤
162 小白菜蛤蜊汤
163 茯苓炖水蛇
163 芹菜牛奶汤
164 芥菜姜汤
164 党参当归银耳汤
165 莲子百合麦冬汤
165 莲子山药银耳甜汤
166 夏枯草黑豆汤
166 豆芽牛肉汤
167 菊花茯苓汤
167 紫菜蛋花汤

第六章 夏季宜喝的养生汤

170 乌鸡冬瓜汤
170 苦瓜鸡骨汤
171 板栗土鸡汤
171 玉米煲土鸡
172 椰子杏仁炖鸡
172 银耳椰子煲鸡
173 苦瓜菠萝炖鸡
173 西瓜煲鸡
174 罗汉果煲鸡胗
174 眉豆花生鸡爪汤
175 番茄皮蛋汤
175 百合冬瓜鸡蛋汤

176 银耳竹荪蛋汤
176 紫菜番茄鸡蛋汤
177 茅根老鸭汤
177 山楂二皮汤
178 干贝老鸭汤
178 苦瓜瘦肉汤
179 连翘瘦肉汤
179 紫菜肉丝汤
180 青豆煲瘦肉
180 牛蒡猪肉汤
181 莲子百合瘦肉汤
181 苦瓜软骨汤
182 猪骨豆腐汤
182 土牛膝炖猪蹄
183 番茄莲子咸肉汤
183 鸡骨草煲猪骨
184 猪骨玉米汤
184 竹荪排骨汤
185 黑豆猪蹄汤
185 生地茯苓脊骨汤
186 黄豆脊骨汤
186 猴头菇煲龙骨
187 党参猪腰汤
187 生地绿豆乳鸽汤
188 枸杞叶猪肝汤
188 猪肠核桃汤
189 菜干煲猪肺
189 玉米猪肚汤
190 甘草红枣炖鹌鹑
190 小白菜鲤鱼汤
191 鸡骨草猪胰蜜枣汤
191 当归乳鸽汤
192 清炖黄颡鱼
192 柠檬红枣炖鲈鱼
193 人参莲子牛蛙汤
193 鱼头花生汤
194 四神汤
194 田七红枣汤
195 丝瓜牛蛙汤
195 鲜百合竹荪牛蛙汤
196 木瓜粉丝牛蛙汤
196 冬瓜草菇鲜虾汤
197 苦瓜黄豆牛蛙汤
197 南瓜牛蛙汤
198 生地黄精甲鱼汤
198 海带金针菇鳝鱼汤
199 蝉蜕冬瓜汤
199 马蹄莲藕茅根汤
200 枸杞猪肝鸭胗汤
200 红枣党参牛肉汤
201 海带胡萝卜海蜇汤
201 远志菖蒲鸡心汤
202 乌梅姜汤
202 腐竹马蹄汤
203 菊花绿豆汤
203 炖三雪

第七章
秋季宜喝的养生汤

206 玄参麦冬瘦肉汤
206 甘蔗茅根瘦肉汤
207 海底椰参贝瘦肉汤
207 蜜枣海底椰瘦肉汤
208 豆蔻瘦肉汤
208 杏仁萝卜猪腱汤
209 川贝脊骨汤
209 牛蒡排骨汤
210 益母草鸡汤
210 生地煲龙骨
211 玉米龙骨汤
211 二冬骶骨汤
212 银耳猪骨汤
212 川贝炖猪骨
213 佛手瓜炖猪蹄髈
213 蚵干炖猪蹄
214 参片猪肚汤
214 薏米猪肚汤
215 酸菜猪肚汤
215 木耳猪肠汤
216 酸菜粉丝猪肠汤
216 双雪猪肺汤
217 杏仁猪肺汤
217 霸王花猪肺汤
218 沙参玉竹煲猪肺
218 茅根猪肺汤
219 杏仁桑白煲猪肺
219 萝卜炖猪肺
220 北杏猪肺汤
220 洋参猪血汤
221 桂圆猪皮汤
221 黑豆牛肉汤
222 香菇豆芽猪尾汤
222 板栗脊骨汤
223 杜仲桑寄生鸡汤
223 洋参炖乌鸡
224 桂圆鸡心汤
224 百合熟地鸡蛋汤
225 苏木煲鸡蛋
225 酸菜鸭汤

第八章
冬季宜喝的养生汤

228 熟地乌鸡汤
228 桑葚乌鸡汤
229 田七炖鸡
229 板栗香菇鸡汤
230 四物鸡汤
230 石斛炖母鸡
231 鹿茸黄芪鸡汤
231 黄芪鸡汤
232 菠菜鸡肝汤
232 花生煲鸡爪
233 淫羊藿鸡汤
233 桑寄生何首乌鸡蛋汤
234 西洋参炖乳鸽
234 续断炖水鸭
235 芡实白果老鸭汤
235 茯苓水鸭汤
236 熟地水鸭汤
236 杜仲鹌鹑汤
237 百合柿饼鹌鹑蛋汤
237 罗汉果菠菜鸡胗汤
238 香菇瘦肉汤
238 虾丸瘦肉汤
239 高粱排骨汤
239 萝卜排骨汤
240 花旗参银耳燕窝汤
240 猪脊骨补腰汤
241 二冬生地炖脊骨
241 骨碎补猪脊骨汤
242 海底椰煲龙骨
242 香菇炖猪蹄
243 海带煲猪蹄
243 百合桂圆猪脑汤
244 黑豆红枣猪尾汤
244 丹参猪心汤
245 柏子猪心汤
245 莲子枸杞炖猪肚
246 姜桂猪肚汤
246 香菇猪肚汤
247 四神猪肚汤
247 麦冬炖猪肚
248 丝瓜猪肝汤
248 南瓜猪肝汤
249 豆芽猪腰汤
249 薏米猪肠汤
250 双麻猪肠汤
250 地龙猪肺饮

第一章

常喝养生汤，身体更健康

汤，是最富营养、最易消化的食物之一，不仅味道鲜美可口，且因为营养成分多半已溶于水中，故极易被人体吸收。在现实生活中，喝汤已经成为调节人体的重要环节：运动员在参赛前喝些肉汤，可以养精蓄锐，提高竞技能力；身体虚弱的人喝点人参汤，可以更快地恢复健康；产妇分娩后常喝鸡汤，有利于补充营养，恢复体力……可见喝汤的妙用多多。

煲汤有方，留住营养

最好选用低脂肪的食材煲汤

喝汤也要防止长胖，应尽量少用高脂肪、高热量的食材做汤料，最好选择低脂肪的食材，如老母鸡、鸭等。即使用低脂肪的食材做汤料，也最好在煲汤的过程中将多余的油脂撇出。猪瘦肉、鲜鱼、虾米、兔肉、冬瓜、丝瓜、萝卜、魔芋、番茄、紫菜、海带、绿豆芽等，都是很好的低脂肪汤料，不妨多选用一些。

食材新鲜，汤味更好

食材新鲜并不是指传统观念中的“肉吃鲜杀，鱼吃跳”，这里所说的“新鲜”，是指鱼、畜、禽被杀死后的3~5小时，其肉中的各种酶使蛋白质、脂肪等分解为人体易吸收的氨基酸、脂肪酸，用这样的材料来煲汤，味道最好。

食材搭配要适宜

许多食物之间已有固定的搭配模式，恰当搭配食材可使营养素起到互补的作用，此种搭配即餐桌上的“黄金搭配”。例如海带炖肉，酸性的肉与碱性的海带发生组合效应，是“长寿食品”。除此以外，还有山药与鸭肉、白萝卜与豆腐、猪肚与豆芽等，都是餐桌上的“黄金搭配”。

为了使汤的口味更纯正，一般不用很多种动物肉品一同煲汤。

煲汤配水要合理

水既是鲜香食物的溶剂，又是传热的介质，水温的变化、用量的多少，对汤的风味有着直接的影响。煲汤用水量一般是主要材料重量的3倍。煲汤时，应使食物与冷水共同受热，不宜中途加冷水，以避免食物中的营养物质缓慢地溢出。

煲肉汤宜用冷水

煲肉汤最好冷水下料，因为如果一开始就往锅里倒热水或者开水，肉的表面突然受到高温，外层蛋白质就会马上凝固，不能充分地溶解到汤里。

煲肉汤时，应一次加足冷水，并慢慢地加温，这样，蛋白质才能够充分地溶解到汤里，汤的味道才会更鲜美。

煲肉汤不要过早放盐

煲肉汤不要过早放盐，因为盐会使肉里的水分很快地渗出来，也会加快蛋白质的凝固，从而影响汤的鲜味。

如果汤需要加酱油，酱油也不宜早加。其他的作料，像葱、姜和料酒等，也不要放得太多，否则会影响汤本身的鲜味。

汤中加蔬菜的窍门

一般来说，60~80℃的温度易破坏蔬菜中的部分维生素，而煲汤时，食物温度长时间维持在85~100℃，因此，若在汤中加蔬菜，应随放随吃，以减少维生素C的破坏量。

用肉禽煲汤应“飞水”

用肉禽类材料煲汤时，一定要“飞水”。用鸡、鸭、排骨等禽肉类食材煲汤时，应先将肉放入开水中稍煮一下，然后捞出洗净，这个过程就是“飞水”或“焯水”。飞水不仅可以除去血水，还可去除一部分脂肪，避免汤汁过于油腻。

煲汤最好用瓦罐

煲鲜汤用陈年瓦罐最好。瓦罐是由不易传热的石英、长石或黏土等原料配成陶土，经高温烧制而成，其通气性、吸附性都较好，还具有传热均匀、散热缓慢等特点。煨制鲜汤时，瓦罐能均衡而持久地把外界的热能传递给内部原料，相对均衡的温度，有利于水分子与食物的相互渗透，这种相互渗透的时间维持得越长，鲜香成分渗出得就越多，汤的滋味也就越鲜醇，食物自然也越酥烂。

煲药膳汤要配对药材

具有食疗功效的药膳汤是以中医和中药的理论为指导，既要考虑药物的性味、功效，也要考虑食物的性味和功效，二者必须相一致、协调，不可性味、功效相反，否则，不仅起不到强身健体、治疗疾病的养生、食疗作用，还可能产生不同程度的副作用。如辛热的附子不宜配甘凉的鸭子，宜与甘温的食物配伍，附片羊肉汤就是很好的搭配；清热泻火的生石膏不宜与温热的狗肉配伍，宜与甘凉的食物配伍，豆腐石膏汤即是很好的搭配。

食物中属平性者居多，平性之品，配热则热，配凉则凉，随药物之性而转变，这就大大方便了药食配伍的选择。

选购猪肉煲汤有窍门

现在的人都不怎么喜欢吃肥肉，所以煲汤时都喜欢选择瘦肉，但是瘦肉煲汤后肉质较粗糙，不好吃。煲汤的猪肉可以选半肥半瘦的，最好是选择猪前腿的肉，这部分的肉煲炖几个小时后肉质仍嫩滑可食。

煲鱼汤要滚水下料

煲鱼汤时，要在滚水里下鱼，否则汤会有很重的腥味。如果冷水下材料，材料会积聚在煲底，而煲内的水又要等一段时间才能开，这些材料在煲底时间久了，即使汤煮滚以后，材料也无法滚起，就会粘底且腥味很重。

用胡椒粉巧去鱼腥味

煲鱼汤时，去除鱼腥味很重要。除了用姜将鱼煎香，以去除鱼腥味外，在汤沸的时候加入适量的胡椒粉，同样具有去鱼腥的效果。

鱼汤鲜美有窍门

窍门一：将鲜鱼去鳞、除内脏，清洗干净，放到开水中烫三四分钟捞出来，然后放进烧开的汤里，加适量的葱、姜、盐，改用小火慢煮，待出鲜味时离火，滴上少许香油即可。

窍门二：将洗净的鲜鱼放进热油中煎至两面微黄，然后冲入开水，并加葱、姜，先用大火烧开，再改小火煮熟即可。

窍门三：将清洗干净的鲜鱼控去水分。锅中放油，用葱段、姜片炝锅并煸炒一下，待葱变黄出香味时，冲入开水，以大火煮沸后放入鱼，用大火烧开后改小火煮熟即可。

汤面浮油不可立即除去

煲汤时，汤沸后汤面往往会出现许多浮油，但切忌立即撇走，因为这层浮油可阻止营养随水分蒸发，应在煲汤完成熄火后再将浮油撇除。

煲汤操作要精细

注意调味用料的投放顺序，特别注意熬汤时不宜先放盐，因盐具有渗透作用，会使原料中水分排出，蛋白质凝固，从而导致鲜味不足。一般地说，60~80℃的温度易引起部分维生素被破坏，而煲汤使食物温度长时间维持在85~100℃，因此，若在汤中加蔬菜应随放随吃，以减少对维生素C的破坏量。汤中可适量放入味精、香油、胡椒、姜、葱、大蒜等调味品，使其别具特色，但注意用量不宜太多，以免影响汤的原味。

煲汤火候要适当

一般说的煲汤，多指长时间地熬煮，此时火候就是它成功的唯一要件。煲的诀窍在于以大火煲开，以小火煲透。大火是以汤中央起“菊花心——像一朵盛开的大菊花”为准，每小时消耗水量约20%；小火是以汤中央呈“菊花心——像一朵半开的菊花”为准，耗水量约每小时10%，如此煲制便可。至于煲汤的时间，有个口诀就是“煲三炖四”。因为煲与炖是两种不同的烹饪方式，煲是直接将锅放于炉上焖煮，煮3个小时以

上；炖是以隔水蒸熟为原则，时间为4个小时以上。煲会使汤汁愈煮愈少，食材也较易酥软散烂；炖汤则是原汁不动，汤头较清，食材也会保持原状，软而不烂。

煲汤时间要恰当

很多人相信“煲汤时间越长越好”，而且一煲就是一整天，这样食物的营养才能充分地溶解到汤里。根据字典的解释，“煲”就是用小火煮食物，慢慢地熬。研究证明，煲汤时间适度加长确实有助于营养物质的释放和被吸收，但时间过长就会对营养成分造成一定的破坏。

一般来说，煲汤的材料以肉类等含蛋白质较高的食物为主，蛋白质的主要成分为氨基酸。如果加热时间过长，氨基酸遭到破坏，营养反而降低，同时还会使菜肴失去应有的鲜味。食物中的维生素如果加热时间过长，也会有不同程度的损失，尤其是维生素C，遇热极易被破坏，煮20分钟后几乎所剩无几。所以，汤煲得过久，虽然看上去汤很浓，其实随着汤中水分的蒸发，也带走了很多营养的精华。

对一般肉类来说，煲1~1.5个小时就可以了，但鱼肉比较细嫩，煲汤时间不宜过长，只要汤煮至发白就可以了，再继续炖不但营养会被破坏，鱼肉也会变老、变粗，导致口味不佳。还有些人喜欢在汤里放人参等滋补药材，由于参类含有人参皂苷，煮得过久就会被分解，失去补益价值，所以在这种情况下，煲汤的最佳时间是40分钟。

喝汤有方，身体健康

饭前喝汤好处多

饭前饮少量汤，好似运动前做预备活动一样，可使整个消化器官活动起来，使消化腺分泌足量的消化液，为进食做好准备。

饭后最好不喝汤

饭后喝汤是一种有损健康的习惯。因为饭后喝下的汤会把原来已被消化液混合得很好的食物稀释，势必影响食物的消化吸收。

喝汤速度越慢越不容易胖

美国营养学家指出，如果延长吃饭的时间，就能充分享受食物的味道，并提前产生已经吃饱的感觉，喝汤也是如此。慢速喝汤会给食物的消化吸收留出充足的时间，感觉到饱了时，就是吃得恰到好处时；而快速喝汤会延迟饱腹感，等你意识到饱了，可能摄入的食物已经超过了所需要的量，自然很容易长胖。

不可饮隔日汤

为避免浪费，许多人都会将剩余的汤留待第二日加热再饮。汤煲好后放置的时间超过一天，维生素便会流失，余下的只是脂肪和胆固醇等，若再经加热，汤内的分子便会变质，长期饮用这类汤会影响健康，所以汤宜即煲即饮。

喝汤吃渣最营养

用鱼、鸡、牛肉等高蛋白质食材煮6小时后，汤看上去已很浓，但蛋白质的溶出率只有6%~15%，还有85%以上的蛋白质仍留在“渣”中。经过长时间烧煮的汤，其“渣”吃起来口感虽不是很好，但其中的肽类、氨基酸更利于人体的消化吸收。因此，应将汤与“渣”一起吃下去。

取出汤渣小窍门

饮汤之余，不少人都会品尝汤渣，但煲了几小时的汤渣往往会变得软烂，鱼更甚。要避免此情况，可将煲汤的食材放入一种专为煲汤而设计的袋中，方便将汤渣从瓦煲中取出食用，非常实用。

老人用鸡汤进补的小窍门

鸡汤中含有一定的脂肪，患有高脂血症的患者多喝鸡汤会促使胆固醇进一步升高，可引起动脉硬化、冠状动脉硬化等疾病。高血压患者如经常喝鸡汤，除易引起动脉硬化外，还会使血压持续升高，且很难降下来。

患消化道溃疡的老人也不宜多喝鸡汤，鸡汤有较明显的刺激胃酸分泌的作用，会加重胃溃疡患者的病情。

肾脏功能较差者也不宜多喝鸡汤，否则会增加肾脏负担。

巧用木棉花老母鸡汤除秋燥

木棉花（干品）是广东凉茶“五花茶”中的“五花”之一，具有利湿、解毒的功效。将适量木棉花与老母鸡、猪脊骨、猪瘦肉同炖3小时，其浓郁醇厚的味道让人垂涎欲滴，加上老母鸡的温热功效与木棉花的清热功效充分互补，最适合在秋凉仍带暑热的秋季喝。

巧用五叶神龙骨汤舒畅喉咙

五叶神（鲜品）为山草药，有利咽、止咳、平喘之用，与龙骨、鸡爪同煲汤，对因秋季干燥、吸烟过多引起的咳嗽有很好的缓解作用。

巧用鸡汤抗感冒

鸡汤，特别是母鸡汤中的特殊养分，可加快咽喉部及支气管黏膜的血液循环，增强黏液分泌，及时清除呼吸道病毒，缓解咳嗽、咽干、喉痛等症状。煲制鸡汤时，里面可以放一些海带、香菇等。

巧用绿豆汤补氨基酸

绿豆性凉，具有清热解暑的功效，可以和薄荷叶一起做成绿豆薄荷汤，与南瓜一起做成绿豆南瓜汤，和薏米一起做成绿豆薏米汤，和金银花一起做成绿豆银花汤。绿豆和米类共煮，氨基酸可以互相补充。

巧用鸭蛋葱花汤止咳

鸭蛋葱花汤有滋阴清热、止咳化痰等功效。用鲜熟鸭蛋1~2个去壳，青葱4~5根切碎，加适量水同煮，加糖调味，吃蛋喝汤，每日一次。

夏天巧用红豆汤治水肿

夏天人体易水肿，喝红豆汤不失为一种好的消肿食疗方法。水肿患者小便少，如在初期时就用红豆汤作为饮料，次日肿势就可减退；连服六七天，可完全消肿。

老年人夏季腿脚出现水肿，食用红豆粥可以抑制病情反复发作。

红豆热量低，且富含维生素E及钾、镁、磷、锌、硒等活性成分，是典型的高钾食物，有降血糖、降血压、降血脂的作用。

喝猪蹄汤的窍门

猪蹄汤中丰富的胶原蛋白不能完全被身体吸收，过多的胶原蛋白会给胃肠等消化系统带来负担，所以喝猪蹄汤时最好与青菜、莲藕或黄豆搭配食用。

煲汤、喝汤宜忌

马蹄宜与香菇或黑木耳做汤

马蹄性寒味甘，具有清热、化痰、消积等功效；香菇能补气益胃、滋补强身，具有降血压、降血脂的功效。二者搭配同食，具有调理脾胃、清热生津的作用。常食能补气强身、益胃助食，有助于治疗脾胃虚弱、食欲不振，或久病脾胃虚、湿热等病症。

黑木耳能补中益气、降压、抗癌，配以可清热生津、化痰消积的马蹄同烹调，具有清热化痰、滋阴生津的功效。

马蹄做汤宜去皮

马蹄甜脆清爽，深受很多人的喜爱。但是马蹄皮中可能含有姜片虫等寄生虫，如果吃下洗得不干净的马蹄皮，就有可能导致消化系统疾病，所以用马蹄煲汤时最好去皮。

鸭血宜与豆腐或菠菜做汤

菠菜是重要的预防便秘的食品，水焯后加香油凉拌食用，便有较好的排毒作用。但是对一些肠胃虚弱、身体瘦弱的人来说，单吃菠菜并不能获得良好的效果。鸭血是铁含量最为丰富的食物，且蛋白质含量高，具有与污染物质结合的强大能力，与菠菜搭配同食，可增强排毒效果。

豆腐富含钙和蛋白质，具有清火作用。豆腐与鸭血搭配，既能提供充足的营养物质，又可加强排毒作用，还有良好的风味、色泽、口感，堪称排毒养生经典食品。

豆腐宜与海带做汤

豆腐及其他大豆制品营养丰富、价格便宜，是补充优质蛋白质、卵磷脂、亚油酸、维生素B_1、维生素E、钙、铁的良好食物。豆腐还含有多种皂角苷，能阻止过氧化脂质的产生，抑制脂肪吸收，促进脂肪分解。

但皂角苷可促进碘的排泄，容易引起碘缺乏，所以经常吃豆腐者应该适当增加碘的摄入。一般来说，只要坚持吃碘盐就可以了。海带含碘丰富，将豆腐和海带一起吃，是十分营养的吃法。

木耳菜宜与猪蹄或母鸡做汤

木耳菜含有蛋白质、碳水化合物、脂肪、钙、磷、铁等营养物质，还含有多种维生素，如维生素B_2、维生素B_6、维生素C、胡萝卜素等。

从食物属性来看，木耳菜性寒味甘、酸，具有清热、滑肠、凉血、解毒的功效，配以能滋补阴液、补益气血的猪蹄，具有清热解毒、补脾胃的功效，民间常用此汤来治疗手脚关节风湿疼痛。

木耳菜与温中益气、补髓添精的母鸡搭配，可为人体提供很丰富的营养成分，具有清热解毒、滑肠、补髓添精的功效。

鱼腥草宜与猪肺同食

鱼腥草与润肺、补肺的猪肺相配，具有消炎解毒、滋阴润肺的功效。

桂花宜与鸭肉或核桃仁做汤

桂花性温味辛，具有化痰、散淤的功效，是治疗痰淤、咳喘、牙痛、口臭的良药。鸭肉具有滋阴补虚、利尿消肿之功效。两者搭配食用，可滋阴补虚、化痰散淤、利尿消肿。

核桃仁具有壮腰补肾、敛肺定喘、润肠通便的功效。桂花与核桃仁搭配，具有壮腰补肾、敛肺定喘的功效。

鸭肉宜与山药做汤

鸭肉补阴，并可消热止咳。山药的补阴作用更强，与鸭肉同食，可消除油腻，同时可以很好地补阴养肺，适于体质虚弱者食用。

羊肉宜与姜做汤

羊肉可补气血和温肾阳，姜有止痛、祛风湿等作用。姜既能去羊肉腥膻味，又有助羊肉温阳祛寒的功效，是冬季补虚佳品，可治腰背冷痛、四肢风湿疼痛等症。

番茄宜与土豆做汤

番茄含有丰富的具有抗氧化作用的番茄红素。土豆含有大量的钾。夏天出汗多，大量钾离子随汗液流失，人体易出现倦怠无力、头昏、食欲不振等症状。喝番茄土豆汤能有效补钾，改善以上症状。

煲骨头汤的时间不宜过长

不少人有爱喝骨头汤的习惯，并觉得熬汤的时间越长，味道就越鲜美，营养就越丰富。其实，无论多高的温度、煲多长时间，也不能将骨头内的钙质完全溶化。因为动物骨骼中所含的钙质不易被分解，久煮反而会破坏骨头中的蛋白质，因此，熬骨头汤不宜时间过长。

煲汤的时间过长，还会增加汤中铅的含量，对人体有害。营养专家推荐煲骨头汤的方法是：煲汤之前，先将洗净的骨头砸开，然后放入冷水里煲，冷水要一次性加足，并慢慢加温，待水烧开后可适量加醋，因为醋能使骨头里的磷、钙等营养素更多地溶解到汤内。

熬绿豆汤忌加矾

炎热的夏天，绿豆成为人们解暑的最佳食品。但是，有些家庭在熬绿豆汤时喜欢放矾。虽然矾溶于水后能起到沉淀杂质的作用，使熬好的绿豆汤清晰透亮，但加矾后产生的问题也不少。

矾的品种很多，主要有钾明矾、烧明矾等，常用的是钾明矾（硫酸铝钾）。钾明矾是一种食品添加剂，有使食品膨松及净化水质的作用。加矾后的绿豆汤，不仅口味会变涩，失去原来清香适口的风味，而且会使绿豆汤中的部分营养物质被破坏。

矾在水溶液中加热时能产生二氧化硫和三氧化硫等有害物质，人食用过多，这些毒素沉淀便在胃里，不但解不了暑，反而会伤了胃。因此，夏季熬绿豆汤时忌加矾。

体弱者忌多喝绿豆汤

夏季暑热盛行，绿豆汤是我国民间传统的解暑食品。但是，营养学专家提醒人们，绿豆是寒凉伤阳的食物，体质虚弱者忌多喝绿豆汤。

从中医的角度看，有寒证的人也忌多喝绿豆汤。因为绿豆具有解毒的功能，所以正在服中药者也忌多喝。

脾胃虚寒、大便稀烂、肾气不足、腰痛、肢冷者都不宜采用绿豆来排毒。

忌萝卜和人参同做汤

人参大补元气、益血生津、宁神益智，对体弱乏力、低血压、贫血、自主神经功能紊乱等症有良好的效果，是补气佳品，能强体壮力，特别适合气虚无力者食用。而萝卜有下气定喘、消积消食之功效。若两者同时服用，一个补气，一个破气，人参的补益作用就会减弱，还有可能伤及肠胃，不利于人体正常排毒。

萝卜利尿，会影响人体对人参有效成分的吸收，加快排泄，对人参的滋补作用产生影响。因此，萝卜和人参同时服用是不科学的。

忌用老火莲藕汤来清热

生莲藕可以清热除烦，还可以养血安神、宁神补血。鲜莲藕榨汁饮用，能清肝热、润肺、凉血止血，若配以新鲜雪梨汁混合饮用，治疗热咳最有效果。

同样用莲藕，加上鱼、花生、猪蹄共煲汤，就成了补血之品，有益于血液营养，加强血液的有效排毒。但老火汤已将生莲藕清热除烦的性质改变了，如果用这汤来清热，喝后可能会流鼻血。

不能喝太烫的汤

有的人喜欢喝滚烫的汤，其实人的口腔、食道、胃黏膜最高只能忍受60℃的温度，超过此温度则会造成黏膜烫伤。虽然烫伤后人体有自行修复的功能，但反复损伤极易导致上消化道黏膜恶变。

不能喝“独味汤”

每种食品所含的营养素都是不全面的，即使是鲜味极佳的富含氨基酸的“浓汤”，仍会缺少若干人体不能自行合成的“必需氨基酸”、多种矿物质和维生素。因此，提倡用几种动物与植物性食品混合煮汤，这样不但使鲜味互相叠加，也使营养更全面。

不能用汤水泡米饭

用汤水泡米饭的习惯非常不好，日久天长，就会使自己的消化功能减退，甚至导致胃病。这是因为人体在消化食物中，需咀嚼较长时间，唾液分泌量也较多，这样有利于润滑和吞咽食物。汤与饭混在一起吃，食物在口腔中没有被嚼烂，就与汤一道进了胃里，这不仅使人“食不知味”，而且舌头上的味觉神经没有得到充分刺

激，胃和胰脏产生的消化液不多，并且还被汤冲淡，吃下去的食物便不能很好地被消化吸收，时间长了，便会导致胃病。

火锅涮汤不能喝

火锅汤久沸不止，肉类、海鲜中所含的嘌呤物质多溶于汤中，高浓度嘌呤经肝脏代谢，会产生大量尿酸，易引起痛风、关节痛等病症，所以火锅汤千万不能喝。

不能盲目用鸡汤进补

老年人、体弱多病者或处于恢复期的患者，都习惯用老母鸡炖汤喝，甚至认为鸡汤的营养比鸡肉好。其实，鸡汤所含的营养比鸡肉要少4倍多。据研究，高胆固醇血症、高血压、肾脏功能较差者，胃酸过多者，胆道疾病患者都不宜多喝鸡汤。如果盲目以鸡汤进补，只会进一步加重病情。

胃病患者不宜喝鸡汤

鸡汤有刺激胃酸分泌的作用，因此患有胃溃疡、胃酸过多或胃出血的患者，一般不宜喝鸡汤。

胆道疾病患者不宜喝鸡汤

胆囊炎和胆石症经常发作者，不宜多喝鸡汤，因为鸡汤内脂肪的消化需要胆汁参与，喝鸡汤后会刺激胆囊收缩，易引起胆囊炎发作。

高血压、高脂血症患者忌喝鸡汤

高血压患者喝鸡汤，除了会引起动脉硬化外，还会使血压持续升高，且难以降下。

鸡汤中的脂肪被吸收后，会促使胆固醇进一步升高。胆固醇过高，会在血管内膜沉积，引起冠状动脉硬化等疾病。

肾功能不全者忌喝鸡汤

鸡汤内含有一些小分子蛋白质，患急性肾炎、肾功能不全或尿毒症的患者，由于肾脏对蛋白质的分解产物不能及时处理，鸡汤喝多了就会引起高氮质血症，加重病情。

糖尿病患者不宜多喝老火汤

传统的老火靓汤含脂肪较多，因为老火汤大都以肉禽类食材为主料，经长时间煲制而成，食物中的脂肪和糖分被大量煲出，溶解于汤中，若糖尿病患者饮用了高脂、高糖的老火汤，会使血液中的血糖升高，从而影响健康。

对症喝汤，有益健康

说到汤，世界各地的美食家都信奉这样的信条：“宁可食无肉，不可食无汤。”人们常喝的汤有荤、素两大类，荤汤有鸡汤、肉汤、骨头汤、鱼汤、蛋花汤等；素汤有海带汤、豆腐汤、紫菜汤、番茄汤、冬瓜汤和米汤等。多喝汤不仅能调节口味、补充体液、增强食欲，而且能防病抗病，对健康有益。汤的食疗价值很高，中医讲究“辨证施治”，我们也应该“对症”喝汤。

骨头汤抗衰老

动物的骨头中含有多种具有滋补、保健功能的物质，具有添骨髓、增血液、延缓衰老、延年益寿的保健功效。骨头汤中的特殊养分以及胶原蛋白可促进微循环。50~59岁这10年是人体微循环由盛到衰的转折期，骨骼老化速度快，多喝骨头汤可收到药物难以达到的效果。老年人容易发生“钙迁徙”而导致骨质疏松、骨质增生和股骨颈骨折等症。骨头汤中的特殊养分——胶原蛋白，可疏通微循环并补充钙质，从而改善上述症状，延缓衰老。

鱼汤防哮喘

鱼汤中含有一种特殊的脂肪酸，它具有抗炎作用，可以治疗肺呼吸道炎症，预防哮喘发作，对儿童哮喘病最为有效。鱼汤，尤其是鲫鱼、乌鱼汤中含有大量的特殊脂肪酸，此物质可防止呼吸道发炎，并防止哮喘的发作，对儿童哮喘病更为有益。鱼汤中的卵磷脂对病体的康复也有利。

鸡汤抗感冒

鸡汤，特别是母鸡汤中的特殊养分，可加快咽喉部及支气管膜的血液循环，增强黏液分泌，及时清除呼吸道病毒，缓解咳嗽、咽干、喉痛等症状。煲制鸡汤时，可以加入一些海带、香菇等。

豆汤退风热

服用甘草姜黑豆汤，对小便涩黄、风热入肾等病症，有一定治疗效果。

菜汤促代谢

各种新鲜蔬菜含有大量碱性成分，煲汤后碱性成分溶于汤中，常喝蔬菜汤可使体内血液呈正常的弱碱性状态，防止血液酸化，并使沉积于细胞中的污染物或毒性物质重新溶解后随尿液排出体外。

海带汤御寒

海带含有大量的碘元素，碘元素有助于甲状腺素的合成，具有产热效应，可以加快组织细胞的氧化过程，提高人体基础代谢，使皮肤血流加快，减轻寒冷感。

羊肉汤温补

羊肉味甘性热，具有助阳、补精血、疗肺虚、益劳损的药用功能，是一味良好的滋补壮阳食物，是理想的滋补佳品。羊肉同鱼鳔、黄芪煲汤，可温补阳气、强肾健脾。

狗肉汤壮阳

中医学认为，狗肉味甘性温，御寒能力强，能益气补虚、温中暖下，具有暖胃健脾、驱寒祛湿、补益壮阳、强身健体等功效，在寒冬季节常吃狗肉、喝狗肉汤，对人体大有裨益。

不同人群的喝汤方法

汤是我国一种传统的饮食。随着人们生活水平的不断提高，越来越多的人开始追求健康饮食，汤也成为餐桌上不可缺少的一道食品。但是，不同人群对汤的营养需求是不一样的，不同的汤对人体产生的作用也是不一样的。在这方面，我们有哪些需要注意的呢?

小儿适合喝蛋白质含量高的汤

小儿生长发育最需要的营养物质是蛋白质，小儿对蛋白质的需求量比成人相对要高。米、面中的植物性蛋白被吸收后的利用程度低，因此小儿应多食人体利用率高的动物性蛋白质。

值得注意的是，一些父母认为鱼汤、肉汤的营养价值比煨汤的肉的营养价值高，小儿只喝汤，不吃肉，营养也足够了。其实不然，鱼、鸡或猪肉被煨成汤后，确有一些营养成分溶解在汤中，如少量氨基酸、肌酸、肉精、嘌呤基、钙等，增加了汤的鲜美味道，但主要营养成分——蛋白质遇到高热就变性凝固了，所以，绝大部分蛋白质仍留在肉里，而汤里的蛋白质很少。根据化验检测，汤里含有的蛋白质只是肉中的3%~12%，汤内的脂肪只是肉中的37%，汤中的无机盐含量仅为肉中的25%~60%。总之，肉经过煨煮后，大部分蛋白质、脂肪、无机盐还留在肉中。

因此，鸡、鱼、猪肉煨汤后，父母不仅要给小儿喝汤，也要让他们吃肉，这样才能保证小儿生长发育所需的营养成分。

产妇所喝肉汤不要过浓

猪蹄汤、瘦肉汤、鲜鱼汤、鸡汤等肉汤含有丰富的水溶性营养，产妇饮用，不仅利于体力恢复，而且能帮助乳汁分泌，可谓产后最佳营养品了，但产妇喝肉汤也有学问。如果产后乳汁迟迟不下或下得很少，就应多喝肉汤，以促使下乳，反之就应少喝肉汤，以免过多分泌乳汁造成乳汁淤滞。肉汤过浓，脂肪含量就高，乳汁中的脂肪含量也就越多。含有高脂肪的乳汁不易被婴儿吸收，往往会引起新生儿腹泻，因此，产妇喝肉汤不要过浓。

老人适当多喝清汤

由于老年人体内水分逐渐下降，若不适量增加饮水，会使血液黏稠度增加，易诱发血栓形成及心脑血管疾病，还会影响肾脏的排泄功能。因此，老年人每日餐前应多喝一些清淡的汤。

职业女性多喝甜汤

工作繁忙使职业女性经常感到身心疲惫、睡眠不好、皮肤灰暗，加之秋冬季节，皮肤水分蒸发加快，皮肤会因缺水变得粗糙，弹性变小，严重的话会产生皲裂，常常使一些爱美的女性苦恼不已。要有好脸色、好心情，还要靠细心调养。专家指出，在注意皮肤日常护理的同时，可以多吃一些用银耳、梨、枣等煲制的汤品。

汤的种类繁多，制法也各有千秋。简单的一碗汤，衍生出上百种花样，冷、热、酸、甜、苦、辣、咸，个中滋味如人生百味，中式汤于简单中显深刻。

喝汤应分季节

很多现代人的每日饮食总不离功效各异的汤水，不管是香浓醇美的老火靓汤，还是鲜美清淡的生滚汤水，都是餐桌上一道永恒的风景。四季养生，喝汤跟着季节走，可以更加有效地获取汤的滋补功效。

春季养生，喝汤先行

一年四季，春生、夏长、秋收、冬藏。

春天是万物复苏的季节，是养生的最佳时机。中医学认为，春养于肝、夏养于心、秋养于肺、冬养于肾，所以春天进补，重在养肝。

（1）春季饮食分“三时”

春季饮食应分早春、仲春、晚春“三时”。

早春时节，寒冬刚过，阳气上升，但天气仍然乍暖还寒。从中医“春夏养阳”的角度出发，这时要适当少吃黄瓜、冬瓜、茄子、绿豆芽等寒性食物，多吃些葱、姜、大蒜等温性食物，以祛阴散寒，使春阳上升。

仲春时节，可适量食用红枣、蜂蜜、山药之类滋补脾胃的食物，少吃多酸或油腻等不易被消化的食物。应多吃菠菜、芹菜、莴笋、胡萝卜、花菜、柿子椒、莲藕、油菜、绿豆芽等绿色蔬菜，以补充维生素、无机盐和微量元素的不足。仲春正值各种既具营养又有医疗作用的野菜繁殖生长之时，如荠菜、鱼腥草、竹笋等，像这样的蔬菜，应不失时机地多吃一点。

晚春时节，气温日渐升高，此时应以清淡饮食为主，再适当地进食优质蛋白质类食物及蔬果等维生素类食物。此外，还可饮用绿豆汤、赤小豆汤、酸梅汤以及绿茶，防止体内积热。这个季节不宜进食羊肉、狗肉、麻辣火锅以及辣椒、花椒、胡椒等大辛大热之品，以防邪热化火，引发疮疖肿痛等疾病。

春季喝汤宜选用较清淡、温和且扶助正气、补益元气的食物，同时还应根据不同的体质来调养。

偏于气虚的人，可多选一些健脾益气的食物，如红薯、山药、土豆、鸡蛋、鹌鹑蛋、鸡肉、鹌鹑肉、牛肉、瘦猪肉、鲜鱼、花生、芝麻、红枣、栗子等。

偏于气阴不足的人，可选一些益气养阴的食物来煲汤，如胡萝卜、豆芽、豆腐、莲藕、马蹄、百合、银耳、蘑菇、鸭蛋、鸭肉、兔肉、蛙肉、龟肉、甲鱼等。

春季饮食还要注意多食低脂肪、高维生素、高矿物质的食物，如新鲜的荠菜、油菜、芹菜、菠菜、马兰头、枸杞头、蒲公英等，可起到清热解毒、凉血明目、通利二便、醒脾开胃等作用。

（2）春季进补常见汤料

山药：山药含有大量人体必需的B族维生素、维生素C、蛋白质、碳水化合物和钙、铁等，是名副其实的绿色保健食品。其药性甘淡平和，具有健脾补肺、固肾益精的功效。

薏米：薏米营养价值较高，所含蛋白质远比米、面高，人体必需的8种氨基酸齐全，且比例接近人体需要，脂肪中含有丰富的亚油酸，B族维生素和钙、磷、铁、锌等无机盐的含量也十分可观。它还具有容易被消化吸收的特点，对减轻胃肠负担、增强体质有益。

豆腐：豆腐有抗氧化的功效，能有效地预防骨质疏松、乳腺癌和前列腺癌的发生，是更年期患者的食用佳品；其丰富的大豆卵磷脂还有益于神经、血管、大脑的生长发育。比起动物性食品，豆腐在补养、健脑方面，有着极大的优势。大豆蛋白可以显著降低血浆胆固醇、甘油三酯和低密度脂蛋白，降低血脂，保护血管细胞，有助于预防心血管疾病。

百合：百合富含水分，可以解渴润燥，有良好的营养滋补之功效，特别是对病后体弱、神经衰弱者大有裨益。百合可显著抑制黄曲霉毒素的突变作用，临床上常用于白血病、肺癌、鼻咽癌等肿瘤的辅助治疗。常食有润肺、清心、调中的功效，可以止咳、止血、开胃、安神。

银耳：银耳具有润肺止咳、补肾健脑、健身嫩肤的功效，擅长补益肺气，可以提高肺组织的防御功能，提高机体的免疫能力，从而增强体质，达到抗衰老的作用。现代医学证明：银耳能提高肝脏的解毒能力，保护肝脏；能增强机体抗肿瘤的免疫能力；富含天然植物性胶质，长期服用可以润肤，并有淡化脸部黄褐斑、雀斑的辅助食疗功效；它的粗纤维有助于胃肠蠕动，减少脂肪吸收，因而具有减肥效果。

红枣：红枣的营养相当丰富，尤其是维生素C的含量为“百果之冠”，因此，被称为“天然维生素丸”。中医学认为，红枣是养血健脾的好补品，其药用价值很大，因此，在春季里，应多吃些红枣。红枣既可生吃，亦可用来煲汤或制成枣粥、枣糕或枣米饭等，以达到健脾和胃、益气养血之目的。

炎炎夏日清凉汤

夏天，酷热的天气使人体出汗较多，人体损耗了大量体液，并消耗了多种营养物质，因此很容易感觉到身体乏力和口渴。这是一种耗气伤阴的表现，通常会影响脾胃功能，引起食欲减退和消化功能下降，所以不少人在夏季都会感到气虚或气阴两虚。根据中医“虚则补气”的原则，夏天饮食也应该进补。

夏天进补，以清补、健脾、祛暑、化湿为原则，一般以清淡的滋补食品为主。鸭子炖冬瓜就是夏天食补之佳品；猪瘦肉、鲜瓜果、芡实、绿豆等食品，都是清补的食疗佳品，适合在夏季食用。

（1）不同年龄的喝汤原则

人体的气血盛衰及脏腑功能会随着年龄增长而发生变化，故不同年龄阶段有不同的食养原则。

儿童：生理功能旺盛而脾气不足，且饮食不知自制，故宜食用健脾消食的汤品。

青壮年：精力旺盛，无须多食特别滋补的药膳，多注意饮食均衡，及时补充身体所需营养即可。同时要讲究劳逸结合，作息及饮食都应有规律。

老年人：生理功能减退，气血不足，脏腑渐衰，多表现出脾胃虚弱、肾气不足之状，故宜多食健脾补肾、益气养血之食物。

（2）夏季煲汤最佳食材

冬瓜：其味清淡爽口，实为清暑佳品，煮汤、炒菜皆宜，用冬瓜、薏米、百合、莲子与鸭同炖，能消暑热，开胃进食。

绿豆：酷暑盛夏，喝点绿豆汤，可消暑解渴。倘若误食有毒食物，绿豆还可用来解毒。夏天可用绿豆芽来煲汤，清凉下火，对身体大有裨益。

番茄：既是水果，又是佳蔬，生熟食皆宜，且可补充人体内缺乏的维生素C。配上鱼丸，就可以煲一道营养开胃的鱼丸番茄汤，食之生津止渴，健胃消食。

金银花：将金银花与菊花同用，能解暑热，清脑明目；配上山楂，能助消化，通血脉；加入蜂蜜添营养，气味甜酸，实为优良清凉材料。

西洋参：性凉而补，能扶正气、降火、生津液、除烦倦。酷暑盛夏，炎热多汗会损耗正气，损耗人体的阴津。伤阴生虚火，会出现疲乏体怠、心烦意乱等症状，可在汤料里添加一味西洋参，其补虚抗乏效果显著。

橄榄：橄榄富含钙质，营养丰富，含有蛋白质、脂肪、碳水化合物，以及钙、磷、铁及维生素C等。其鲜果酥脆可口，初吃时味涩，细嚼后生津，回味甘甜。

枇杷：枇杷含有丰富的维生素和糖、钙、镁等元素，营养价值很高。枇杷中所含的有机酸能刺激消化腺分泌，对增进食欲、帮助消化吸收、止渴解暑有一定的作用。

凉瓜：富含蛋白质、脂肪、糖类、维生素、胡萝卜素、粗纤维、凉瓜素以及钙、磷、铁、无机盐等。凉瓜有消炎退热、解劳乏、清心明目的功效。凉瓜含有生理活性蛋白质和维生素B_{17}，对癌细胞有较强的杀伤力，经常食用能提高人体免疫功能。

鸭肉：鸭性甘、凉，有大补虚劳、清肺解热、滋阴补血、定惊解毒、消水肿的功效。一般人都可以食用鸭肉，尤其适合体热、上火、食少、便秘或有水肿的人食用，夏季食用效果尤佳。

无花果：无花果除含有人体必需的多种氨基酸、维生素、无机盐外，还含有柠檬酸、延胡索素、琥珀酸、奎宁酸、脂肪酸、蛋白酶等多种成分，具有很好的食疗功效。现代医学证实，无花果不仅能帮助人体消化食物，促进食欲，还具有润肠通便的功效。

秋季喝汤养肺润燥

一般说来，秋季养生可以分初秋、中秋和晚秋三个阶段。

初秋之时，选食食物宜减辛增酸，以养肝气。古代医学家认为，秋季草木零落，气清风寒，人体容易受疾病的侵扰，所以此时宜进食滋补的食物以生气。

中秋炎热，气候干燥，容易疲乏。此时，首先应多吃新鲜少油的食物。其次，还应多吃含维生素和蛋白质较多的食物。

现代医学认为，秋燥症应多食含维生素A、B族维生素、维生素C、维生素E类营养素的食物，如胡萝卜、莲藕、梨、蜂蜜、芝麻、木耳等，以养血润燥，从而提高抗秋燥、抗病毒的能力。

晚秋季节，心肌梗死的发病率明显增高。医学专家指出，秋冬季节之交为心肌梗死的高发期。高血压患者在秋冬之交时血压往往较夏季增高20 mmHg左右，因此容易造成冠状动脉循环障碍。

此时日常饮食应注意多摄入含蛋白质、镁、钙等营养丰富的食物，这样可有效地预防心脑血管疾病的发生。

（1）秋日喝汤宜荤素搭配

秋天宜收不宜散，所以要适当多食一些味酸

甘润的果蔬，饮食要注意荤素搭配。秋燥津液易伤，引起咽、鼻、唇干燥及干咳、声嘶、皮肤干裂、大便燥结等燥证。

因此，秋季在饮食上宜多选甘寒滋润之品，如百合、银耳、山药、秋梨、莲藕、鸭肉、柿子、芝麻等，以润肺生津、养阴清燥。

秋季饮食除了要注意以酸、润食物为主之外，还需要注意的是夏季刚过，暑气消退，人们的食欲普遍增加，加之秋收食物品种丰盛，此时不宜进补过度，否则会伤及肠胃。

（2）秋季煲汤必备食材

菊花：气味芳香，可消暑、生津祛风、润喉、养目、解酒。菊花羹是将菊花与银耳、莲子一起，煮或蒸成羹食，加入少许冰糖，食之可祛烦热、利五脏、治头晕目眩。

百合：有补肺、润肺、清心安神、消除疲劳和润燥止咳的作用。

莲子：既能祛余暑，又能滋补强身，是秋天适时补品。

山药：其特点是补而不滞、不热不燥，不论男女老幼、有病无病、体健体弱，都适合食用。

莲藕：生藕能清热、生津、止渴，熟藕能健脾、开胃、益血，故有“暑天宜生藕，秋凉宜熟藕，生食宜鲜嫩，熟食宜壮老”的说法。

黄鳝：入秋食鳝，不但补益力强，对人体血糖还有一定的调节作用。烧鳝段、清炖鳝鱼、炒鳝丝、煮黄鳝粥均可。

蛇肉：在驰名南国的菜肴中，秋天的肥蛇最受欢迎。蛇肉蛋白质含量高，营养丰富，有轻身耐老、延年益寿的功效。

板栗：有健脾养胃、补肾强骨的作用。

核桃：能补肾固精、温肺定喘，又能益气养血、润燥润肠。

花生：深秋后花生成熟，可用鲜花生仁冲汤服，或水煮煎服，但不宜炒吃。

红枣：秋季的红枣，是滋阴润燥、益肺补气的清补食品，如果能与银耳、百合、山药共同煨食，效果更好。

秋季还适合食用梨、马蹄、海蜇、胡萝卜、荠菜、平菇、海带、番茄、兔肉等，中药进补则适宜食用黄芪、人参、沙参、枸杞、何首乌等。

冬来喝汤好进补

进入冬天，又到了进补的最佳时节，香浓的滋补汤也争先恐后地被端上了餐桌。

现代医学认为，冬季是一年中最寒冷的季节，万事万物都处于封藏状态，冬季也是一年中最适合饮食调理与食补的时期。

冬季进补能提高人体的免疫功能，促进新陈代谢，使畏寒的现象得到改善；冬季进补能调节体内的物质代谢，使营养物质转化的能量最大限度地贮存于体内，有助于体内阳气的升发，为来年的身体健康打好基础。俗话说“三九补一冬，来年无病痛”，讲的就是这个道理。

但说到进补，很多人却并不知道冬天该怎么补、补什么，到底如何补才适合自己和家人，所以在煲汤之前最好先学学怎样才能“补”得正确、“补”得安全。

传统医学认为，冬季人体新陈代谢处于较为“低迷”的状态，皮肤汗腺由疏松转为致密，这一时期“五脏属肾”，饮食宜多食温辛之物，以补肾阳。故冬季常用的食疗原料包括牛肉、羊肉、狗肉、桂圆、红枣和樱桃等。

冬季进补应顺其自然，注意养阳，以温补为主。

根据中医“虚则补之，寒则温之”的原则，在膳食中应多吃温性、热性食物，特别是用温阳补肾的食物进行调理，以提高机体的耐寒能力。

冬季食补，应进食富含蛋白质、维生素和易于被消化的食物，可多选粳米、籼米、玉米、小麦、黄豆、豌豆等谷豆类；韭菜、香菜、大蒜、萝卜、黄花菜等蔬菜；羊肉、狗肉、牛肉、鸡肉及鳝鱼、鲤鱼、鲢鱼、带鱼、虾等肉类；橘子、椰子、菠萝、桂圆等水果。

（1）冬季汤补因人而异

因人们的年龄、性别、职业等差异很大，在选择冬季进补的方案时，应因人而异。

如形体偏瘦、性情急躁、易于激动者，应以“淡补”为主，采用滋阴增液、养血生津的食材煲汤，禁用辛辣等食物。

而形体丰腴、肌肉松弛者，宜采用甘温食物，忌用寒湿、冷腻、辛凉的食物。

脑力工作者则宜多进食有益心、脾、肾三脏的食物，如富含蛋白质、维生素和微量元素的蛋类、海产品、新鲜的蔬果等，可使思维敏捷，精力充沛，减少因用脑过度引发的疲倦、失眠等各种症状。

（2）冬季进补男女有别

男性冬补重在健脾和胃。冬季进补，男性通常补肾气虚和肾阴虚两证，但这两种补药易伤脾胃，消化及吸收都不太容易，而且经春夏两季，气候、饮食造成人的脾胃功能有所减弱，所以男性进补前，最好先加强脾胃功能，这样进补之药才不会遇上脾胃“漏斗”，防止补而无效甚至反而加重脾胃疾病的状况。一般而言，男性进补讲究健脾、和胃、化食。

女性进补重在抗衰老。女性由于担负生育使命，元气不足就容易造成人体衰老。女性进补的“开路药”要从增强吸收饮食中的营养入手，使之充分滋养全身脏器和皮肤腠理。人（尤其是女性）的抗衰老能力增强了，生命力便也会随之增强，面色红润、健康，皮肤就会有弹性、有光泽。

（3）“矫枉”切勿“过正”

冬令温补可平衡阴阳，但进食过多高热量的食物也会导致胃肺火盛，表现为上呼吸道、扁桃体、口腔黏膜炎症或便秘、痔疮等症，从而给生活带来种种不便。

因此，进补的时候尤其要注意自身是否符合进补的条件，虚则补，不虚则保持正常饮食就可以了。

同时，应分清滋补品的属性和适用范围，温补时还可附带吃些性凉的食物，如萝卜、松花蛋等。

为防止进补后出现不良反应，最好先引补，即底补，如用芡实、红枣、花生加红糖炖服；或服姜羊肉红枣汤，以调整好脾胃功能。引补后再吃滋补品，这样不但可以增加滋补效力，而且不会发生虚不受补的情况。

（4）冬季进补“四戒”

冬季来临，许多人开始进补健身，但是有关专家告诫说，进补是有一定学问的，应该遵循以下几项原则：

戒乱进补：首先，应该了解自己该不该补，属于何种体质，何脏何腑有虚。一般而言，中年人以补益脾胃为主，老年人以补益肾气为主。但具体到个人，又有气虚、血虚、阴虚、阳虚、气血阴阳共虚等不同。要认真分析，最好在有经验的医生指导下进补，这样才能有的放矢，不犯虚虚实实之戒。

补而戒腻：对身体状态不太好、脾胃消化不良者来说，首先是要恢复脾胃的功能，否则服再多的补物也无用。因此，冬令进补不要过于滋腻厚味，以易于被消化为准则。

补而戒偏：中医认为，气与血、阴与阳虽然是互相对立的两个方面，但是又互为生长。冬令进补时也要注意兼顾气血阴阳，不可一味偏补，防止过偏引发其他疾病。

外感戒补：在患有感冒、咳嗽等外感病症时，不要进补，以免留邪为寇、后患无穷。

掌握食物四性五味，煲出健康营养汤

中国的传统养生讲究药食同源，就是说许多食物即药物，它们之间并无绝对的分界线。古代养生家将中药的“四性五味”理论运用到食物之中，认为每种食物同样也具有“四性五味”。掌握好食物的四性五味，才能煲出健康的汤粥。

食物的四性，又被称为“四气”，即寒、热、温、凉。

寒和凉的食物能起清热、泻火、解毒的作用，如在炎热的夏季选用绿豆汤、西瓜汤、苦瓜茶等，可清热解暑、生津止渴。

热和温的食物能起温中除寒的作用，如严冬季节选用姜、葱、大蒜之类的食物，以及狗肉、羊肉等，能除寒助阳、健脾和胃。

食物除“四性”外，尚有性质平和的“平性”食物，如谷类的米、麦及豆类等。

食物的五味即辛、甘、酸、苦、咸。食物的性味不同，对人体的作用有明显的区别。

辛味食物

可起到祛风散寒、舒筋活血、行气止痛的作用。如姜可发汗解表、健胃进食；胡椒可暖肠胃、除寒湿；韭菜可行淤散滞、温中利气；大葱可发表散寒等。

甘味食物

可起到补养身体、缓和痉挛、调和性味的作用。如白糖可助脾、润肺、生津；红糖可活血化淤；冰糖可化痰止咳；蜂蜜可和脾养胃、清热解毒；红枣可补脾益阴等。

酸味食物

可收敛固涩、增进食欲、健脾开胃。如米醋可消积解毒；乌梅可生津止渴、敛肺止咳；山楂可健胃消食；木瓜可平肝和胃等。

苦味食物

可燥湿、清热、泻实。如苦瓜可清热、解毒明目；杏仁可止咳平喘、润肠通便；枇杷叶可清肺和胃、降气解暑；茶叶可强心、利尿、清神志。

咸味食物

可软坚散结、滋润潜降。如盐可清热解毒、涌吐、凉血；海参可补肾益精、养血润燥；海带可软坚化痰、利水泄热；海蜇可清热润肠。

每种食物都有不同的“性味”，应把“性”和“味”结合起来，才能准确分析食物的功效，否则会食之不当。如莲子味甘微苦，有健脾、养心、安神的作用；苦瓜性寒、味苦，可清心火，是热性病患者的理想食物。

传统医药理论认为辛入肺、甘入脾、酸入肝、苦入心、咸入肾，肝病忌辛味、肺病忌苦味、心肾病忌咸味、脾胃病忌甘酸味。因此我们只有对“五味”有全面的认识，才能使煲出的美味汤粥配比更合理、更科学，才能取得药食兼备的功效。

第二章

最受欢迎的 17道养生汤

汤在我们的日常饮食中占据着重要的位置。汤的种类很多，有人爱喝清淡汤，有人爱喝营养荤汤，还有人爱喝祛病强身的药膳汤。哪些汤才是大众最喜爱的呢？为此，我们对社会各阶层人士进行了问卷调查，从4 000份问卷中统计出了这17道最受大众欢迎的营养汤。这些汤都用料简单、操作方便、营养丰富。

番茄鸡蛋汤

清热解毒、开胃生津。

原材料 番茄200克，鸡蛋100克

调味料 姜片、盐各适量

做法

1. 番茄洗净切块；将鸡蛋打散。
2. 锅内加水，放入姜片一起煮。
3. 水开后加番茄，待水再开时转小火，把鸡蛋倒入，待翻出蛋花时加少许盐调味即可。

适用人群：一般人都适宜食用，特别适合夏季食用。

注意事项：血压低或肝炎患者忌食。

营养分析

番茄营养丰富，是营养学家一致公认的。每100克番茄含水分94.4克、蛋白质0.9克、脂肪0.2克、食物纤维0.5克、碳水化合物3.54克，还含有胡萝卜素、维生素B_1、维生素B_2、维生素C、维生素P、钙、磷、铁等营养物质。

中医认为，番茄性微寒，味甘、酸，有生津止渴、健胃消食、凉血平肝、清热解毒、降低血压之功效，对高血压、肾脏病患者有良好的辅助治疗作用。

常识链接

巧识催红番茄

催红番茄的方法，是在其表面涂上一种叫“乙烯利”的化学药物。乙烯利虽毒性很低，但若长期食用，对人体仍有害。催红的番茄多在反季节上市，通体全红，手感很硬，外观呈多面体，切开看，籽呈绿色或未长籽，瓤内无汁。

而自然成熟的番茄蒂周围有些绿色，捏起来较软，外观圆滑，籽粒多呈土黄色，肉质为红色，沙瓤，多汁。

塑料袋存番茄

挑选果体完整、品质好、五六分熟的番茄，将其放入塑料食品袋内，扎紧口，置于阴凉处，每天打开袋口1次，通风换气5分钟左右。如塑料袋内附有水蒸气，应用干净的毛巾擦干，然后再扎紧袋口。袋中的番茄就会逐渐成熟，而且可保鲜1个月左右。

石灰水保鲜鸡蛋

将无损伤的新鲜鸡蛋放入清洁池或缸内，倒入2%~3%的石灰水，水面高出蛋面20~25厘米，这样可让鸡蛋保鲜3~4个月。在夏季，池子或缸不要受太阳照晒，保证阴凉通风。

也可将鸡蛋放进5%左右的石灰水中浸泡半小时，捞出晾干，这样也可让鸡蛋保鲜2~3个月。

烹饪提示

打鸡蛋时应顺着一个方向用力打出泡沫来，待水沸后下锅，这样煮出的蛋花才会好看且美味。

紫菜蛋花汤

清热消脂、醒胃开胃。

原材料 番茄50克，紫菜干20克，鸡蛋100克

调味料 花生油6毫升，盐5克

做法

1. 将番茄洗净，切块；将紫菜浸泡15分钟洗净。
2. 将鸡蛋去壳，打成蛋液备用。
3. 将800毫升清水放入锅中，煮沸后加入花生油、紫菜、番茄，煮10分钟后，倒入蛋液，略施搅拌，加盐调味即成。

适用人群：此汤适合高血压、高脂血症、糖尿病、小便不利之人食用；亦可用于痰火结聚引起的淋巴结肿大及热病后胃口欠佳者。

注意事项：本汤寒凉，脾胃虚寒者慎用。

营养分析

紫菜含有丰富的维生素、蛋白质、维生素B_2等营养物质，还含有胆碱、胡萝卜素、硫胺素、烟酸、碘等，有清热利尿、补肾养心、降低血压、促进人体代谢等多种功效。

紫菜富含的EPA（二十碳五烯酸）和DHA（二十二碳六烯酸），可以预防人体衰老；紫菜也含有大量可以降低有害胆固醇的牛磺酸，有利于保护肝脏；紫菜的成分中有1/3是食物纤维，常吃可以保持肠道健康，将致癌物质排出体外，有利于预防大肠癌；紫菜所含的微量多糖类有抑制癌症的效果；紫菜含有较丰富的胆碱，常吃紫菜对改善记忆衰退有很好的作用。

常识链接

紫菜的清理方法

紫菜在晒制的过程中可能沾有小贝壳或沙子，食用时不用水洗，放炉火上烤一烤，使它变得硬一些，然后拍一拍，把沾在紫菜上的沙子拍掉就可以了。实在要洗，就放在水盆里浸泡，让沙子等杂质沉底，再捞起来就行了。

选购紫菜小窍门

选购紫菜，一要注意其色泽，紫菜以紫红色为最好，如色泽发黑，则可能是来年陈紫菜，如色泽发红，则是菜质较嫩时制成的。

二要注意厚薄均匀，无明显的小洞与缺角，如有小洞，可能是在储存或运输过程中保管不妥，会影响紫菜的质量。

三要注意陈紫菜，现在市场上有一些不法商贩将陈紫菜用食用油涂抹后冒充新紫菜销售，可用手绢纸擦一下，纸上会有油迹，且陈紫菜无香味，入口有一股海腥味。

除此以外，还要从外观上进行观察，注意是否有霉变，包装是否结实、整齐美观，包装上是否标有厂名、厂址、产品名称、生产日期、保质期、配料等内容。

烹饪提示

紫菜中含有大量的沙粒，一定要清洗干净后再下锅。

做此汤时，番茄要适量，否则会影响汤的味道。

海带排骨汤

清热化痰、滋阴养胃。

原材料 排骨180克，海带结150克

调味料 味精0.5克，鸡精0.5克，盐1克

做法

1. 将排骨斩成小块，焯水，洗净；将海带泡发。
2. 将海带和排骨放入炖盅内，隔水炖2个小时。
3. 放入味精、鸡精、盐调味即可。

适用人群：一般人皆可食用。

注意事项：海带一定要清洗干净，否则汤内会有沙粒。

营养分析

海带中碘的含量极为丰富，碘是人体合成甲状腺素的主要原料。头发的光泽就是体内甲状腺素发挥作用而形成的，因此，常吃海带能令你秀发飘飘。

海带所含的丰富的钙元素可降低人体对胆固醇的吸收，从而降低血脂、血压。

海带还富含抗癌明星——硒，具有防癌的作用。

海带胶质能促使体内的放射性物质随同大便排出体外，从而减少放射性物质在人体内的积聚，减少放射性疾病的发生率。

常识链接

海带不宜久泡

海带中含褐藻胶，水不易渗入，因此很难煮软。有些人喜欢将海带放在水中浸泡几昼夜，这样做其实十分不妥。海带不仅含碘量很高，而且还含有一种甘露醇，这些物质都附在海带的表层，海带在水中长时间地浸泡，极易造成这些养分的丢失。因此，海带不宜长时间浸泡。

泡发海带小窍门

将干海带放入蒸笼蒸半个小时，取出后先用碱面搓一遍，然后用清水泡6小时，这样处理过的海带又脆又嫩，且无腥味。

选购海带有窍门

海带是含碘最高的食品，还含有一种贵重的营养物质——甘露醇。碘和甘露醇，尤其是甘露醇，呈白色粉末状附在海带表面，千万不要将此粉末当作废物去掉。

海带以叶宽厚，色浓绿或紫中微黄，无枯黄叶者为上品。选购海带时，应选择无泥沙、杂质，整洁干净无霉变，且不黏手的。

烹饪提示

浸泡海带时要注意多换水,如果时间允许，最好将海带放入蒸笼中蒸10分钟左右，这样处理过的海带做出的汤更美味。

莲藕龙骨汤

补虚润燥、益精补血。

原材料 龙骨200克，莲藕100克

调味料 姜片5克，盐、味精各适量

做法

1. 将龙骨洗净，斩成小块，入沸水汆去血水；将莲藕洗净，切滚刀块。
2. 将龙骨、莲藕、姜片装入炖盅内，加适量开水，上笼用中火蒸1个小时。
3. 加盐、味精调味即可。

适用人群： 坐月子期间的产妇尤其适合饮用本汤。

注意事项： 莲藕不宜放入铁锅中煲，以免被氧化变黑。

营养分析

莲藕含有淀粉、蛋白质、天门冬素、维生素C以及氧化酶等营养成分，生吃鲜藕能清热解烦、解渴止呕，如将鲜藕压榨取汁，其清热除烦的功效更甚。

煮熟的莲藕性温味甘，有健脾开胃、养血补心、消食之功效。

常识链接

辨别莲藕有窍门

莲藕是一种营养价值很高的蔬菜，可以生吃，也可以蒸、炒、炖汤。

莲藕有家藕与野藕之分，野藕比较少见。

家藕又分粉藕和脆藕。粉藕外表呈白色，可以煮烂，适合炖汤；脆藕则呈红色，不易被煮烂，甜嫩多汁，适合炒菜。

区分脆藕与粉藕有个窍门，看中心孔数，脆藕是9孔，而粉藕则有11孔。

脆藕一般是两三节，比较长、比较细；粉藕一般节比较多，且短、胖。

长时间炖藕，最好选用陶瓷或不锈钢的器皿，避免用铁锅或铝锅，也尽量别用铁刀切莲藕。

清水存鲜藕

将鲜藕的泥土清洗干净，根部朝下放入水缸或是水桶中，用清水淹没，隔5~6天换一次水。用这种方法存鲜藕，在冬天可以存两个月，在夏天只要勤换水，保存半个月也是没有问题的。

炖龙骨加醋更营养

龙骨营养丰富，加醋可使炖出的汤味道鲜美。

烹饪提示

煲此汤时，稍微放点醋可促进磷和钙快速溶解于汤中，汤会更美味。

玉米胡萝卜脊骨汤

健脾开胃、助消化。

原材料 玉米350克，胡萝卜250克，猪脊骨600克

调味料 盐5克

做法

1. 将玉米连玉米须一同洗净，切成小段。
2. 将胡萝卜去皮、洗净，切成小块。
3. 将猪脊骨斩件，洗净，汆水。
4. 将清水2 000毫升放入瓦煲内，煮沸后加入以上材料，用大火煲沸后改用小火煲3小时，加盐调味即可。

适用人群：此汤对糖尿病患者，消化不良、食欲不振的高血压患者尤为适宜。

注意事项：肾虚尿频者不宜多饮本汤。

营养分析

玉米脂肪的50%以上是亚油酸，并含有卵磷脂、谷物醇、维生素E、维生素B_1、维生素B_2、维生素B_6等，是对人体十分有益的健康食品，以玉米作为食物，可增强人的体力和耐力，刺激胃肠蠕动、加速粪便排泄。

黑玉米被称为“美容食品”，能有效地改善肝、心、脾、胃等“五脏”功能，使之良性循环；能有效地清除人体内的自由基，减少脂肪堆积，平衡人体胖瘦比例，保持最佳体形。

常识链接

巧炖骨头汤

在炖骨头汤时，放点醋可使骨头中的钙、磷、铁等矿物质充分溶解出来，汤的营养价值会更高，味道也会更鲜美。此外，醋还可以防止食物中的维生素被破坏。

煮骨头时，为防止骨髓流出来，可用生萝卜块堵住髓骨的两头。

玉米的选购及保存技巧

夏末秋初，正是玉米成熟的时节，清香、糯甜的玉米是人们爱吃的粗粮之一。选购玉米时，应挑选颗粒饱满、排列紧密、软硬适中的鲜嫩玉米。

将玉米煮熟后，放入冰水中浸泡1分钟左右，可以使玉米保持鲜嫩不干瘪长达1个小时。如果生玉米需要长期保存，只要将玉米去皮，用保鲜膜包好放入冰箱冷冻即可，随吃随取。

胡萝卜熟吃更营养

胡萝卜营养丰富，但许多人的吃法不科学，浪费了营养物质。胡萝卜熟吃要比生吃好。首先，胡萝卜中含有的营养物质胡萝卜素——维生素A是脂溶性维生素，它不溶于水，而溶于脂肪，如果生吃，70%以上的胡萝卜素不能被吸收，但若通过烹调，则可因增添了油脂而大大提高吸收利用率。

烹饪提示

煲此汤时，选用嫩一些的玉米，汤的口感会更鲜甜。

鱼片豆腐汤

降脂降糖。

原材料 草鱼1条，豆腐1块，鲜草菇20克

调味料 盐2克，味精3克，胡椒粉2克，葱5克，姜2克，食用油适量

做法

1. 将鱼去鳞洗净，切片；将豆腐切片；将草菇洗净，切片；将葱洗净，切段；将姜去皮，切片。
2. 将锅上火加油烧至八成油温时，下入鱼片过油后，捞出沥油。
3. 锅中留少许底油，加入鱼片、豆腐、草菇、葱、姜和适量水，煮半小时后，调味即可。

适用人群： 一般人皆可食用。
注意事项： 豆腐最好先在水中稍焯再进行煮制。

营养分析

草鱼含有丰富的不饱和脂肪酸，对血液循环有利，对心血管疾病患者很有益处。中医认为，草鱼味甘性温，有平肝、祛风、治痹、截疟、暖胃等功效，是温中补虚的养生佳品。对身体瘦弱、食欲不振的人来说，草鱼肉嫩而且滋补，是很好的开胃食品。

常识链接

巧切生鱼片

鱼肉极易碎，切片时应使鱼皮朝下，刀口斜着切入，这样切起来既干净利落，又能保持形状完好。

鱼的表皮有一层非常滑的黏液，所以切鱼时手常常抓不住，弄不好还会切伤手。若在切鱼前先将手放在盐水中泡一下，手就能抓住鱼了，非常有效。

鱼片泡水更鲜美

鱼片在烹制前，要用冷水浸泡一小会儿，可去除血液和腥臭味。经过冷水浸泡的鱼片，质地软嫩、色泽洁白、腥臭异味减轻，腌渍时易于吸收调味品的滋味和糊浆的水分，附着力强；滑油时，糊浆不易脱落，可保持鱼片鲜嫩滑润和良好的质感与弹性。但是，在浸泡过程中，鱼肉内的水溶性物质和鲜味会溶解于水而有所损失，因此，浸泡的时间要适当，不宜过长，5分钟左右即可。

豆腐保鲜法

豆腐不宜久放，尤其是在气温高的夏日，放一小会儿就会馊，这里教你一个防豆腐馊的方法。先烧一点儿水，水中放少许盐，待盐水冷却后，把豆腐放在里面。这样，即使在夏天，豆腐也可保存两三天。

烹饪提示

切鱼片时，鱼皮应朝下，否则鱼片很容易碎。

冬瓜老鸭汤

清热消暑。

原材料 冬瓜1 000克，薏米30克，红豆30克，老鸭1只

调味料 盐5克，姜片2克，食用油适量

做法

1. 将冬瓜洗净，切成大块。
2. 将薏米、红豆洗净，浸泡1小时。
3. 将老鸭去毛、内脏，洗净，斩块，飞水。
4. 锅上火，加油烧热，爆香姜片，放入老鸭块爆炒5分钟。
5. 瓦煲内加清水2 500毫升，烧沸后加入所有材料，用大火煲滚后改用小火煲3小时，加盐调味即可。

适用人群：适用于暑天烦渴、胸闷、食欲差、尿少者。

注意事项：煲汤前用姜爆炒老鸭，可减少其腥味，使汤清、味正。

营养分析

冬瓜含水量高，性凉，有清热解暑、利尿通便的功效，可帮助人体清废排毒，辅助治疗水肿、胀满、痰喘、痈疽、痔疮等症。

冬瓜还有减肥的功效。冬瓜所含的丙醇二酸，能抑制碳水化合物在体内转化为脂肪。

鸭肉的脂肪含量适中，易于被消化吸收，并较均匀地分布于鸭的全身组织中。鸭肉还是含B族维生素和维生素E比较多的禽肉类，可防止心肌梗死等心脏病，有抗脚气病、神经炎、多种炎症的食疗功效。鸭肉中钾的含量较高，还含有较高量的铁、锌等微量元素，有滋五脏之阴、清虚劳之热、养胃生津、止咳息惊等功效。

常识链接

切开的冬瓜巧贮存

将冬瓜切开以后，常常难以一次吃完，而剩下的放1~2天，切面处就会腐烂，再吃时不得不将腐烂的部分削去，这样既浪费也不卫生。冬瓜切开不久，切面就会渗出黏液，这时用一块比切面大一点的保鲜膜贴上，用手抹紧，便可保持冬瓜3~5天不烂。

观色察形选冬瓜

市场上的冬瓜有青皮、黑皮、白皮三种类型，黑皮冬瓜肉厚，可食率高；白皮冬瓜肉薄，质松，易入味；青皮冬瓜则介于两者之间。黑皮冬瓜是三者中最好的，以形如炮弹、呈长棒形，瓜条匀称、无热斑（日光的伤斑）的为最好。

用手指压冬瓜肉，挑肉质紧密的买，因为这种冬瓜口感好。肉质松软的冬瓜，煮熟后会变成“一泡水”，口感很差。

冬瓜的最佳食用期为盛夏的7~8月。冬瓜虽耐贮藏，但食用仍以鲜品为上，所以不宜多买久藏，最好现买现吃。

烹饪提示

老鸭不易被炖烂，炖时加点儿田螺会很容易被炖烂。

清炖甲鱼汤

滋阴壮阳、软坚散结。

原材料 甲鱼500克，红枣50克，枸杞5克

调味料 味精4克，盐2克，鸡精15克，姜10克，葱15克

做法

1. 将甲鱼宰杀洗净；将葱洗净切段；将姜洗净，去皮切片。
2. 锅中注水烧开，放入甲鱼焯去血水，捞出放入瓦煲中，加入葱段、姜片、红枣、枸杞，加适量清水煲开。
3. 继续煲至甲鱼熟烂，放入味精、盐、鸡精调味即可。

适用人群：此汤适宜脾胃虚弱、中气不足或食少便溏者食用。
注意事项：甲鱼味甘性平，红枣与之相合，药借食力。

营养分析

甲鱼营养丰富，含有蛋白质、脂肪、钙、铁、动物胶、角蛋白及多种维生素，是不可多得的滋补品。甲鱼还可入药，其背壳具有滋阴补阳、散结平肝之功效，可医治咳嗽、盗汗、肾亏、闭经等症。甲鱼胆可治高血压，卵能治久泻久痢，血能治小儿疳积。

常识链接

巧选甲鱼

有不少黑心商贩用注射器往甲鱼里面打水，以增加重量，牟取暴利。买甲鱼时先把甲鱼背朝下，看其是否能迅速翻身；其次看四只脚的肌肉处是否有注射器的针孔，甲鱼厚度是否正常。凡是不能迅速翻身、脚上有微小针孔、厚度不正常的均是注射了水的甲鱼，千万不要购买。

死了的甲鱼更不能购买。甲鱼死后，其体内的蛋白质会迅速分解出胺类食物，繁殖有害的微生物，产生毒素，食用后会中毒。

杀甲鱼的方法

将甲鱼翻过身来，背朝地，肚朝天，当它使劲翻身将脖子伸到最长时，用快刀在其脖根处一剁，然后控血。

还可用筷子引出甲鱼头，待其咬住拉长，用刀斩断颈根，然后控血。

甲鱼优劣咋识别

用手捏住甲鱼后腿腋窝处，如甲鱼四脚乱蹬，活动迅速凶猛，即为优等甲鱼；如四腿微动，活动不灵活，则为劣等甲鱼。

烹饪提示

死甲鱼千万不能吃，否则会中毒。

黄豆猪蹄汤

健脾润肺、美容养颜。

原材料 猪蹄500克，黄豆300克
调味料 盐5克，料酒8毫升，葱10克

做法

1. 将黄豆洗净，提前泡发至原来的两三倍大小；将猪蹄洗净，斩块；将葱洗净，切丝。
2. 锅中加适量水，放入猪蹄汆烫去血水，捞出沥干水分。
3. 将黄豆放入锅中，加适量清水，以大火煮开后改小火煮约4小时。
4. 加入猪蹄再续煮1小时，调入盐、料酒，撒上葱丝即可。

适用人群：一般人皆可食用。
注意事项：黄豆在煲汤前先用水泡透，这样容易被煲烂。

营养分析

猪蹄含丰富的胶原蛋白，可使皮肤光嫩、紧致，并能改善面部血液循环及营养状况，令面部皮肤细腻、润滑。

黄豆营养丰富，每100克黄豆中蛋白质的含量约占40%。黄豆所含的蛋白质虽然是植物蛋白，但构成其蛋白质的必需氨基酸在数量和搭配比例上都接近于动物蛋白。黄豆内还含有一种人体必需脂肪酸——亚油酸，具有降低血中胆固醇的作用。

常识链接

巧煮黄豆

大火煮豆法：黄豆要用大火煮，将其煮熟、煮透。因为黄豆里含有一种抗胰蛋白酶的物质，人吃了会妨碍蛋白质的分解，使蛋白质不易被人体吸收，引起腹泻，高温会使抗胰蛋白酶遭到破坏。

浸泡煮豆法：在煮黄豆前，如将黄豆放在水中浸泡十几个小时，煮时再加上少许海带，这样不仅黄豆易熟烂，而且味道鲜美。

怎样选购黄豆

色泽：颜色鲜艳有光泽的是好黄豆；若色泽暗淡、无光泽，则为劣质黄豆。

质地：颗粒饱满且整齐均匀、无破瓣、无缺损、无虫害、无霉变、无挂丝的为好黄豆；颗粒瘦瘪、不完整、大小不一、有破瓣、有虫蛀、霉变的为劣质黄豆。

干湿度：牙咬豆粒，发音清脆成碎粒，说明黄豆干燥；若发音不脆则说明黄豆潮湿。

香味：优质黄豆具有正常的豆香和口味，有酸味或霉味的黄豆可能腐败。

烹饪提示

应该将猪蹄上的毛拔干净，否则会影响汤的口感。

香菜豆腐鱼头汤

清热泻火、养阴生津。

原材料 鱼头450克，豆腐250克，香菜30克

调味料 姜2克，盐、花生油各适量

做法

1. 将豆腐用盐水浸泡1小时，沥干水；将锅烧热放油，将豆腐煎至两面呈金黄色。
2. 将香菜洗净；将鱼头去鳃，剖开，用盐腌2小时，洗净；锅烧热下花生油，用姜片炝锅，将鱼头煎至两面呈金黄色。
3. 再加入清水1 000毫升，以大火煮沸后加入煎好的豆腐，煲30分钟，放入香菜，加盐调味即可。

适用人群： 此汤适宜有发热、口渴、便秘、尿黄、舌质红或苔黄等症状者食用。

注意事项： 感冒发热者不宜用本汤。

营养分析

鱼头和嫩豆腐均为高蛋白、低脂肪、高维生素食物，二者均含有丰富的健脑物质——卵磷脂，该物质被机体代谢后能分解出胆碱，最后合成乙酰胆碱。乙酰胆碱是神经元之间化学物质传递信息的一种最主要的神经递质，可增强记忆力、思维力和分析力，让人变得聪明。

常识链接

察形观色选豆腐

面对市场上种类繁多的豆腐，怎样才能购买到称心如意的优质豆腐呢？学会用察形观色的办法，便能鉴别优劣豆腐。

进行感官鉴别。取一块豆腐在光线下直接观察，优质豆腐呈均匀的乳白色或淡黄色，稍有光泽；良质豆腐色泽稍深，有的呈浅红色，无光泽；劣质豆腐呈深灰色、深黄色或红褐色。

鉴别豆腐的组织状态。取豆腐，先观其外部状况，然后用刀将豆腐切成几块，再仔细观察切口处，最后用手轻轻按压，试豆腐的弹性和硬度。优质豆腐块形完整，软硬适度，有一定的弹性，质地细嫩，结构均匀，无杂质；良质豆腐块形基本完整，切面比较粗糙或嵌有豆粕，质地不细嫩，弹性差，有黄色液体渗出，表面发黏，用水冲后不粘手；劣质豆腐块形不完整，组织结构粗糙而松散，触之易碎，无弹性，有杂质，表面发黏，用水冲洗后仍然粘手。

烹饪提示

煎鱼头时，不能煎得太黄。

煮冻鱼时，在汤里加些牛奶，可让冻鱼的味道与鲜鱼相差无几。

花生煲凤爪香菇汤

美容养颜、丰胸。

原材料 凤爪500克，花生仁100克，香菇干30克

调味料 姜15克，料酒15毫升，盐5克，味精3克

做法

1. 将凤爪洗净，去趾甲；将花生仁泡水6小时；将香菇泡发，洗净；将姜去皮，切片。
2. 锅中注水烧开，放入料酒，放入凤爪汆烫，至水再滚，捞出洗净。
3. 炖锅中加适量水，放入花生仁、香菇、姜片、料酒、凤爪，煮至凤爪软，放入盐、味精即可。

适用人群：一般人皆可食用，特别是皮肤粗糙、胸部较平的女性。

营养分析

凤爪的营养价值颇高，含有丰富的钙质及胶原蛋白，多吃不但能软化血管，同时具有美容功效。

花生的蛋白质丰富，高达25%~30%，且富含赖氨酸。花生还含有维生素B_2、钙、磷、硒、卵磷脂、胆碱、维生素K、不饱和脂肪酸等营养元素。红色外皮的花生仁还含有大量维生素B_1、维生素B_2及可以止泻的单宁成分。

常识链接

怎样贮存花生

花生含有丰富的蛋白质、脂肪、铁等营养成分，被人称为“长寿果”。但花生的吸湿性较强，一旦保管不当，受潮后很易发生变色、变味、发霉、走油、发芽等变质现象。因此，贮存花生要注意通风，不要让花生受潮，一定要随时保持干燥。

用100℃的开水浸烫花生15~20分钟，水要没过花生，然后捞出，摊开晾2~3天即可。切记，不要曝晒，否则花生会出油。这样处理后的花生仁没有了发芽能力，可用塑料袋装好，随吃随取，过一两年味道也同新的花生一样。

还可将花生仁晒干，摊晾，然后装入塑料袋，同时放入一小包花椒、八角或小茴香，密封置于干燥、低温、通风的地方，可存2~3年不变质。

怎样吃花生最养胃

人们一般都喜欢把花生煮熟了吃，其实生吃花生有很多意想不到的好处。吃生花生有一个突出的好处就是养胃，因为花生富含不饱和脂肪酸，含有丰富的膳食纤维，不含胆固醇，是天然的低钠食物，每天吃适量的生花生（不要超过50克），对胃有一定好处。

烹饪提示

汆烫凤爪时，在沸水中加适量料酒，可以去除凤爪的腥味。

生地煲龙骨汤

健脾润肺、养阴生津。

原材料 龙骨500克，生地20克

调味料 姜50克，盐5克，味精3克

做法

1. 将龙骨洗净斩成小段；将生地洗净；将姜去皮切成片。
2. 锅中加水烧沸，下入龙骨段焯去血水后，捞出沥水。
3. 取一炖盅，加入龙骨、生地、姜和适量清水，隔水炖45分钟，加盐、味精调味即可。

适用人群：一般人皆可食用。
注意事项：本汤凉血之力较强，脾胃虚寒者慎用。

营养分析

生地性凉味甘，入心、肝、肾经，既能凉血，又能滋阴，具清热滋阴、凉血止血、生津止渴的功效。现代药理研究表明，生地具有抗辐射、保肝、降低血糖、强心、止血、利尿、抗真菌的作用。生地还含有β-谷甾醇、地黄素、葡萄糖、生物碱等成分，具有加强心肌收缩、利尿及降血糖的作用，还对多种皮肤癣菌有抑制作用。

猪骨性平，有益肺、化痰、生乳等功效。肺结核、胸膜炎患者经常食用猪骨，能增强对结核杆菌的抵抗力，促进病灶的好转或愈合。

常识链接

炖骨头汤的窍门

要炖出美味的骨头汤，应一次加足冷水，待水烧沸后转小火慢慢地炖，直到肉骨头变得酥烂，这样骨组织才能松酥，骨头中的蛋白质和脂肪也会被充分溶解出来，使汤味鲜浓。

炖的过程中不宜再添加冷水，否则肉骨头表面的空隙会因为热胀冷缩而缩紧，使肉骨组织变得紧密，不容易酥烂，骨髓里的蛋白质和脂肪也无法大量溶解出来，减少了骨头汤的营养，汤的鲜味也大为逊色。如果中途一定要加水，应加热水。

另外，在汤里加适量醋，会使骨头更容易酥软，骨头中所含的维生素、钙、磷、铁等营养元素更易被分解出来，提高骨头汤的营养价值。

巧用生地与熟地

生地味甘、苦，性寒，有清热凉血、养阴生津、润肠的功效。生地的常用剂量为10~30克。生地寒滑腻滞，脾虚或食少便溏者忌用。

生地被制成熟地后，药性由寒变成微温，其功用也发生了变化，成了补血之要药。熟地味甘性微温，质润，既能补血滋阴，又能补精益髓。其常用剂量为10~30克。脾胃气滞、因痰湿内阻而脘腹胀满或食少便溏者忌服。虽然生地和熟地均能滋阴生津，治阴虚津亏诸证，但生地长于凉血，熟地长于补血，二者不能互替使用。

烹饪提示

炖此汤时，要先用大火炖10分钟，再转小火炖35分钟。

清炖牛肉汤

强筋健骨、滋养脾胃。

原材料 牛肉400克，白萝卜200克，清汤适量
调味料 花椒、姜、葱、盐、味精、食用油各适量

做法

1. 将牛肉洗净，切成小块状；将白萝卜洗净，切菱形状；将葱切末；将姜切片备用。
2. 锅中加水煮沸后下入牛肉块，氽去血水后捞起沥干水分。
3. 锅中加油烧热后爆香姜片，注入清汤，汤沸后下入牛肉块炖煮30分钟后调入盐、花椒、味精，再加入白萝卜续炖煮30分钟，撒上葱末即可。

适用人群：此汤尤其适合孕妇食用。
注意事项：此汤最好选用前胛、后腿或筋拐处的牛肉。

营养分析

牛肉是优良的高蛋白食品，每100克黄牛肉中约含蛋白质20克、脂肪10.2克、碳水化合物2.6克。牛肉中还含有多种维生素和少量矿物质。牛肉的氨基酸组成比猪肉更接近人体需要，能提高机体的抗病能力，对处于生长发育期的青少年，手术后、病后需要补充失血、修复组织者特别适宜。

常识链接

姜嫩化牛肉

将鲜姜洗净，用小孔擦板磨成细末，将姜末装入干净纱布袋内挤出姜汁，然后把姜汁拌入切好的牛肉中，每500克牛肉加5克姜汁即可。用筷子搅拌均匀，使每片牛肉表面均沾上姜汁，在常温下放置1小时左右，即可按常规进行烹调了。用此法烹制的牛肉，鲜嫩适口、香味浓郁，而且不会有姜的辛辣味。

看、摸、闻识牛肉

看色泽：新鲜牛肉有光泽，红色均匀，脂肪洁白或呈淡黄色；变质牛肉色暗，无光泽，脂肪呈黄绿色。

摸黏度：新鲜牛肉外表微干或有风干膜，不黏手，弹性好；变质牛肉的外表黏手或极度干燥，新切面发黏，指压后凹陷不能恢复，留有明显压痕。

闻气味：新鲜牛肉具有鲜肉味；变质肉有异味甚至臭味。

此外，老牛肉肉色深红，肉质较粗；嫩牛肉肉色浅红，肉质坚而细，富有弹性。

烹饪提示

煮牛肉时，应该先将水烧开，再放入牛肉，这样不仅能保存肉中的营养成分，而且味道特别香。

酸辣汤

清热解毒。

原材料 嫩豆腐20克，鸡蛋1个，木耳5克，金针菇10克

调味料 生粉、醋、辣椒各少许，白胡椒粉适量，香油1毫升

做法

1. 将嫩豆腐洗净，切成条状；将木耳浸泡洗净，金针菇洗净；将生粉加水调好，鸡蛋打成蛋液备用。
2. 将水放入锅中，开中火，待水沸后加入嫩豆腐、木耳、金针菇、辣椒，待材料熟后加入生粉水勾芡，煮至汤液成浓稠状。
3. 最后再将蛋液、白胡椒粉加入汤中，搅拌均匀淋入香油即可。

适用人群：一般人都可食用。
注意事项：肠胃不适者不宜多食。

营养分析

豆腐营养丰富，含铁、钙、磷、镁等人体必需的多种微量元素，还含有糖类、植物油和丰富的优质蛋白，素有“植物肉”之美称。

以现代营养学和医学观点看，金针菇是一种高蛋白、低碳水化合物、高钾低钠且富含纤维素和不饱和脂肪酸的食品，经常食用可降低胆固醇，抑制血脂升高，有利于防治心脑血管疾病，帮助食物中各种营养素的平衡吸收和利用，排除重金属离子和代谢产生的毒素、废物，增强机体活力，防治肝病及胃、肠道溃疡，抵抗疲劳，延缓机体衰老，特别适合高血压患者、肥胖者或中老年人食用。

常识链接

冷水泡发木耳

有的家庭为了使木耳涨得快，总是喜欢将木耳泡在热水里，其实这样做并不好。用冷水泡发木耳可以更多地保留木耳的水分，每千克可发3.5~4.5千克，吃起来也比较脆爽。用热水浸发木耳，每千克只能发2~4千克，口感也远不及用冷水发出的木耳好。

金针菇的选购

在购买金针菇时应该注意：优质的金针菇颜色应该是淡黄至黄褐色，菌盖中央较边缘稍深，菌柄上浅下深；还有一种色泽白嫩的，应该是乳白色。

不管是白是黄，如果颜色特别均匀、鲜亮，没有原来的清香味而有异味的，可能是经过熏、漂、染或用添加剂处理过的，要留意其药剂会不会影响健康，残留量是否达标。金针菇罐头如果颜色鲜亮，有刺鼻气味，汤汁混浊且有悬浮物的，可能是经过特殊处理的，不可选购。

豆腐焯水的要领

为除去豆腐的苦涩味和豆腥味，在做汤前，一般都要将豆腐放入沸水中焯一下。要领是将切成小方块的豆腐放入冷水锅内同时加热，待水温至90℃，豆腐上浮时捞出浸入冷水中即可。

烹饪提示

煮豆腐、木耳、金针菇时，不要煮太久，一熟即可调入生粉水。

罗宋汤

清热解毒。

原材料 洋葱100克，牛肉100克，番茄100克，土豆100克，高汤适量

调味料 盐适量，番茄酱8克

做法

1. 将洋葱剥皮，洗净，切丁；将番茄洗净，切丁；将牛肉洗净切丁；将土豆洗净，去皮，切丁。
2. 将高汤放入锅中，开中火，待滚后放入牛肉、洋葱、番茄丁及土豆丁，煮至材料软烂、汤变稠后，加盐、番茄酱调味即可。

适用人群：一般人都适用。

注意事项：洋葱不宜多食。

营养分析

牛肉是高蛋白食品，人类必需的氨基酸含量丰富，B族维生素及钙、磷、铁、锌的含量也很多，有较强的补血作用。牛肉含酪蛋白、白蛋白、球蛋白较多，这对提高机体免疫功能、增强体质有益。

洋葱的营养价值极高，每100克洋葱含维生素A5毫克、维生素C 9.3毫克、钙40毫克、磷50毫克、铁8毫克，还含有18种氨基酸，是不可多得的保健食品。

常识链接

巧切洋葱不流泪

冷冻法：在切洋葱时，洋葱会散发出强烈的辣味，很刺激眼睛，令人泪流满面。如将洋葱放进冰箱冷冻室里，过1~2分钟后拿出再切，就不会如此了。若洋葱的刺激已使眼睛流泪了，可以打开冰箱，将脸对着冰箱，流泪症状很快就会消失。

温水法：先将洋葱用温水泡一下再切，刺激的气味将会锐减，眼睛也就不会流泪了。

浸刀法：将菜刀在凉水里浸泡一下再切，或在菜板旁放一盆凉水，边蘸水边切，这样也可以减轻洋葱辣味的散发。

微波加热法：将洋葱放入微波炉里加热一会儿，皮易剥，切时也不会流泪。

怎样鉴别注水牛肉

注水后的牛肉比正常的牛肉色淡，有一种水样光泽，切面呈淡红色或淡玫瑰色，用手指按压时，可有水或水滴被挤出，凹陷恢复较慢。

烹饪提示

做此汤也可用清水代替高汤，一样美味可口，且汤色更清亮。

萝卜煲羊腩汤

健脾和胃，补益强身。

原材料 白萝卜300克，羊腩500克

调味料 姜6克，盐适量

做法

1. 将羊腩洗净，斩块，放入沸水中煮5分钟，取出，洗干净。
2. 将白萝卜去皮，洗干净，切厚块；将姜用清水洗净，刮去姜皮，切片。
3. 煲内加适量清水，先用大火煲至水滚，然后放入姜片、白萝卜和羊腩肉，待水再沸起，改用中火继续煲至羊腩肉熟，加少许盐调味即可。

适用人群：此汤补而不燥，适合一家大小日常饮用，尤其适合身体虚不受补之人日常补身之用。

注意事项：由于萝卜性质比较寒凉，脾胃虚寒的人不宜食用。

营养分析

羊腩含有丰富的蛋白质、脂肪，同时还含有维生素B_1、维生素B_2及矿物质钙、磷、铁、钾、碘等，营养十分全面。羊肉的脂肪熔点为47℃，而人的体温为37℃，所以吃了羊肉后脂肪也不会被身体吸收，不会发胖。羊肉还可增加消化酶功能，保护胃壁，帮助消化。中医认为，羊肉还有补肾壮阳的作用，适合男士经常食用。

常识链接

羊肉去膻法

漂洗去膻法：烹调前，可将羊肉肥瘦分割，并剔去肌肉间隙带脂肪的筋膜，切制成块，然后分开漂洗。冬天可用45℃的温水，夏天可用凉水漂洗，漂洗时间为30分钟。经过漂洗，一般可清除屠羊剥皮时膻气物质在羊肉上的残留，同时也可漂去肌肉间隙中的膻脂成分。

白萝卜分段吃更营养

白萝卜的不同部分所含的营养成分不同，采取不同的吃法可最大程度地吸收白萝卜中所含的营养。

从顶部至3~5厘米处为第一段，此段维生素C含量最多，但质地有些硬，宜切丝、条，快速烹调，和羊肉一起做馅，味道极佳。

白萝卜中段含糖量较多，质地较脆嫩，可切丁做沙拉，也可切丝用糖、醋拌成凉菜，炒煮也很可口。

将白萝卜削皮生吃，是糖尿病患者用以代替水果的上选。

烹饪提示

羊腩汆水时一定要多煮一会儿，还可以加入一些料酒同煮，可有效去除腥膻味。

苦瓜海带瘦肉汤

降血压、清热泻火、解毒。

原材料 苦瓜500克，海带干100克，猪瘦肉250克

调味料 盐、味精各适量

做法

1. 将海带泡发好，洗净，切丝。
2. 将苦瓜切开两瓣，挖去瓤，切小块。
3. 将猪瘦肉洗净，切小块。
4. 将所有材料放进砂锅中，加适量清水，煲至猪瘦肉烂熟，加盐、味精调味即可。

适用人群：适宜一般人在夏季食用，特别适合肥胖、动脉硬化或高血压患者食用。

营养分析

苦瓜的蛋白质、脂肪、碳水化合物含量在瓜类蔬菜中是较高的，特别是维生素C的含量，每100克高达84毫克。苦瓜还含有粗纤维、胡萝卜素、苦瓜甙、磷、铁、氨基酸等营养物质。

海带有降血压、降血脂、加快胆固醇的代谢和排出、降低血清胆固醇含量、预防动脉硬化的作用。

烹饪提示

苦瓜切块后用水焯一下，然后放进冷水中浸泡，这样可以去除其苦味。

常识链接

苦瓜愈嫩愈苦

苦瓜有短形和长圆筒形两种，瓜面有瘤状凸起，成熟时瓜肉金黄，籽呈鲜红色。瓜皮有光泽、绿中带黄的苦瓜最好，这种苦瓜不太嫩也不太老，吃起来口感好，又不太苦。瓜皮呈深绿色的多半是鲜嫩的苦瓜，这种苦瓜特别苦。成熟的黄色苦瓜，虽然苦味较少，但肉质变软，食味差，已失去苦瓜的风味。

夏天保存鲜肉有窍门

用浸过醋的湿布将鲜肉包起来，可保鲜一昼夜。

或者将肉煮熟后放入刚熬过的猪油里，可保存较长时间。

也可将鲜肉切成块，在肉面上涂上蜂蜜，用线串起，挂在通风处，可存放一段时间，这样处理过的肉味道更鲜美。

还可将鲜肉切成块，油炸，可短时保存。

另外，还可将醋酸钠入水，溶解成0.5%的水溶液，将鲜肉放入浸泡1小时，取出后放在干净容器里，在常温下可保鲜两天。

第三章
小火炖汤最营养

南方人爱喝汤，并会根据不同季节、不同人体需要，喝当季的养生汤。其中，炖汤最大限度地保留了食材的原汁原味，清而不浊，因而得到食客们的一致推崇。小火炖汤讲究的是小火慢炖，尽可能地让食材中的营养成分不被破坏且完整地释放出来。炖的时间越久，汤的味道就越浓、越香。要注意的是，汤最好不要混着喝，即使要混着喝，也必须是同一类型，如凉性搭配凉性，否则既破坏了汤的味道，也会对人体产生不良的作用。

芝麻枸杞乌鸡汤

滋补肝肾、乌须黑发、强壮身体。

原材料 黑芝麻100克，枸杞50克，红枣20克，乌鸡750克

调味料 姜10克，盐适量

做法

1. 将黑芝麻放入锅中，不必加油，炒香后洗干净。
2. 将乌鸡剖洗干净，去毛、内脏；将枸杞洗干净；将姜刮去姜皮，洗干净，切成2片；将红枣去核。
3. 再将原材料和姜片放入瓦煲中，加适量水，用小火炖4小时左右，加少许盐调味即可。

适用人群： 适合一家大小日常佐膳饮用。
注意事项： 炒制黑麻芝时千万不要炒煳。

红豆乌鸡汤

益阴补血、养颜强体。

原材料 红豆200克，黄精50克，陈皮45克、乌鸡500克

调味料 盐适量

做法

1. 先将提前泡好的红豆、陈皮分别用清水洗干净；将黄精洗干净备用。
2. 将乌鸡宰杀后剖洗干净，去毛、内脏。
3. 将全部材料一起放入已经煲开的炖盅中，继续用中火煲3小时左右，以少许盐调味即可。

适用人群： 适宜脾虚体弱、血虚或血压低者食用。
注意事项： 乌鸡不宜与野鸡、甲鱼、鲤鱼、鲫鱼、兔肉或虾一同食用。

参须蜜梨乌鸡汤

益气养阴、滋补养颜。

原材料 花旗参须10克，蜜梨300克，乌鸡400克，蜜枣10克

调味料 盐3克

做法

1. 将花旗参须洗净；将蜜梨洗净，去心，切成4块。
2. 将乌鸡斩件，洗净；将蜜枣洗净。
3. 将1 600毫升清水放入瓦煲内，煮沸后加入以上材料。
4. 以大火煲开后，改用小火煲2小时，加盐调味即可。

适用人群： 本汤对妇女经后或产后失血、失养引起的头晕眼花、面色不华、失眠多梦且不宜温补者最为适宜。

注意事项： 脾胃虚寒者慎用。

荞麦白果乌鸡汤

清热祛湿、健脾止带。

原材料 乌鸡肉500克，荞麦100克，白果100克，芡实60克，车前子30克

调味料 姜5克，红枣25克，盐适量

做法

1. 将荞麦、芡实、车前子、姜、红枣（去核）洗净；将白果去壳取肉；将鸡肉洗净，切块。
2. 把全部原材料及姜片放入炖盅内，加清水适量，用小火炖3小时，加盐调味即可。

适用人群： 此汤适合脾虚带下的女士饮用（症见带下黏稠量多、色白兼黄、其气腥臭、头眩身重）；亦适用于子宫内膜炎、输卵管炎或阴道炎等脾虚湿热证患者食用。

注意事项： 车前子最好用布包好再和其他材料一起炖。

黄芪桂圆老鸡汤

补气补血、养心安神。

原材料 黄芪15克，桂圆肉15克，陈皮2片，红枣25克，老母鸡600克

调味料 盐适量

做法

1. 将先将老母鸡收拾干净，切成大块。
2. 将黄芪、桂圆肉用清水洗干净；将红枣洗干净，去核；将陈皮用清水浸透，洗干净。
3. 将以上原材料一起放入加了开水的炖盅中，用中火煲3小时左右，加少许盐调味即可。

适用人群： 血气不足或面色苍白无华者可以用此汤食疗。
注意事项： 患有胃溃疡或胃酸过多的患者不宜多喝。

哈密瓜螺肉鸡汤

滋润养颜。

原材料 哈密瓜250克，海螺肉250克，老母鸡500克

调味料 姜3克，盐适量

做法

1. 将哈密瓜洗净，切块；将海螺肉洗净；将鸡肉洗净后斩块。
2. 将鸡肉块、海螺肉和姜片放入瓦煲内，以大火煲半小时，然后转中火炖2小时，最后将哈密瓜放入，用中火炖半小时，加盐调味即可。

适用人群： 此汤适合爱美的女士食用。
注意事项： 新鲜海螺肉不容易清洗，因为外面有一层滑腻液体。用干生粉与螺肉拌匀，再用水冲洗，就容易把海螺肉洗干净。

海参鸡肉汤

补肾益精、补气养血。

原材料 鸡肉150克，海参干30克

调味料 姜5克，葱20克，盐适量

做法

1. 将葱洗净切段；将鸡肉洗净，切片；将海参水发后洗净，切薄片。
2. 在瓦煲内放清水适量，煮沸后放鸡肉、海参，用大火煮沸后改小火煮1小时，放姜、葱煮沸，最后加盐调味即可。

适用人群： 适宜体虚消瘦、精血亏损、腰膝酸软、遗精、水肿或病后虚弱者食用。

注意事项： 患急性肠炎、菌痢之人忌食；感冒、咳痰、气喘及大便溏薄者忌食。

熟地天冬炖鸡

补气益阴、滋养肺胃。

原材料 光鸡600克，党参15克，熟地60克，天冬30克，红枣40克

调味料 姜5克，盐适量

做法

1. 将鸡洗净，去头颈，斩去鸡爪、肥膏及尾部。
2. 将党参切片，洗净；将熟地洗净，切小块；将天冬、红枣（去核）洗净。
3. 将党参、熟地、天冬、红枣、姜片放入鸡肚内，把鸡放入炖盅内，加开水适量，炖盅加盖，以小火隔水炖3~4小时，加盐调味即可。

适用人群： 此汤适合温热病后气阴两伤之人食用；病后体虚或平素气弱者亦可饮用。

注意事项： 感冒发热、脾胃虚寒或痰湿内盛者不宜用本汤。

燕窝红枣鸡丝汤

补血养颜。

原材料 燕窝6克，红枣25克，鸡胸肉150克

调味料 盐3克

做法

1. 将燕窝浸泡，剔除燕毛及杂质。
2. 将红枣去核，切丝；将鸡胸肉洗净，切丝。
3. 将所有原材料放入炖盅内，加清水500毫升，加盖，隔水炖3小时，加盐调味即可。

适用人群：此汤适宜失血失养所致的眩晕、面色不华或烦躁失眠者食用。

注意事项：对鸡蛋敏感的人不宜吃燕窝。

桑枝煲老母鸡

益精髓、祛风湿、利关节。

原材料 桑枝60克，老母鸡500克

调味料 盐少许，姜5克

做法

1. 将桑枝洗净，稍浸片刻；将老母鸡宰杀，去毛及内脏，洗净备用。
2. 将原材料与姜一起放进瓦煲内，加入清水2 500毫升，用大火煲沸后改用小火煲约2个小时。
3. 把鸡捞起，切块拌酱油佐餐用，加盐调味即可。

适用人群：此汤适合风湿性关节炎、四肢挛痛麻痹、颈背牵引疼痛或慢性腰肌劳损者食用。

注意事项：煲汤过程中注意把握好火候。

香菇炖鸡

滋养补虚、强身健体。

原材料 鸡1 000克，鲜香菇300克

调味料 葱40克，姜10克，八角、料酒、盐、鸡精、花椒各适量

做法

1. 将鸡洗净剁块，用开水汆烫，捞出沥干水；将香菇洗净，撕大块。
2. 爆香葱、姜，加水、鸡块、料酒、八角、花椒，以小火炖至酥烂，加香菇炖熟，放鸡精、盐调味即可。

适用人群： 男女老少皆宜。
注意事项： 鸡不能呛血，去毛不能伤皮，鸡肉要洗至不见血水，汤才会清醇。

芥菜鱼头汤

滋肾降火、健胃生津。

原材料 鱼头200克，芥菜1 000克，蜜枣25克

调味料 盐适量

做法

1. 将鱼头、蜜枣洗净；将芥菜洗净，切段。
2. 将鱼头、蜜枣放入砂煲里，加清水适量，以大火煮沸后，放入芥菜，改用小火煲 1小时，加盐调味即可。

适用人群： 适合于牙痛、咽喉干痛之人食用。
注意事项： 胃寒口淡者不宜饮用此汤。

百合麦冬瘦肉汤

润肺降气、滋阴养胃。

原材料 干百合30克，麦冬15克，猪瘦肉50克

调味料 盐适量

做法

1. 将干百合、麦冬、猪瘦肉分别洗净，猪瘦肉切小块。
2. 将所有材料同置锅中，加水适量，以小火炖2个小时，加盐调味即成。

适用人群：老少皆宜。

注意事项：风寒咳嗽或脾虚便溏者不宜食用。

如何煲汤更营养：懂药性、懂搭配。比如煲鸡汤时，为了健胃消食，就加肉蔻、砂仁、当归；为了补肾壮阳，就加丹皮、山药、熟地、茯苓；为了给女性滋阴，就加黄芪、当归、枸杞。

胡萝卜马蹄瘦肉汤

养阴生津、清润解毒。

原材料 猪瘦肉500克，胡萝卜250克，去皮马蹄250克

调味料 盐适量

做法

1. 将胡萝卜去皮，洗净，切厚片；将马蹄洗净，对半切开。
2. 将猪瘦肉洗净，切块，与胡萝卜、马蹄一起放入炖盅内，加清水适量，用小火炖1小时，加盐调味即可。

适用人群：此汤适合热病后津液不足者食用。

注意事项：湿盛者胃寒，不宜饮用本汤。

银耳蜜梨炖瘦肉

养阴润肺、生津润肠、清心降火。

原材料 银耳干50克，蜜梨50克，猪瘦肉100克，蜜枣5克

调味料 盐适量

做法

1. 将猪瘦肉洗净，用沸水略煮后切块。
2. 将猪瘦肉与洗净泡好的银耳和切成块的蜜梨、蜜枣放入炖盅内，加水300毫升，隔水炖1小时，以少许盐调味即可。

适用人群：适合咽喉干涸、肺燥干咳或痰带血丝、心烦不寐、大便干结之人食用。

注意事项：感冒发热、湿盛或便溏者不宜食用本汤。

苹果蜜梨炖瘦肉

清热解暑、滋阴润燥、清肺热。

原材料 苹果50克，蜜梨50克，猪瘦肉100克，蜜枣5克

调味料 盐少许

做法

1. 将猪瘦肉洗净，沸水略煮后切块。
2. 将蜜梨、苹果洗净，切片，再与蜜枣一起放入炖盅内，放入猪肉块，加清水250毫升，隔水炖2小时，以少许盐调味即可。

适用人群：适合咽喉肿痛、声音嘶哑或痰多咳嗽者食用。

注意事项：痰湿内盛或寒痰咳嗽者不宜食用本汤。

瘦肉藕节红豆汤

解暑利湿、健脾胃、利尿消炎。

原材料 藕节500克，猪瘦肉200克，薏米100克，红豆50克，鲜扁豆50克，土茯苓50克

调味料 盐适量

做法

1. 将鲜藕节洗净，切薄块；将瘦肉洗净，切成片；将各药材洗净；将红豆提前浸泡；将鲜扁豆洗净，择去老筋。
2. 将所有原材料放入炖盅内，加水1 500毫升，以小火煲２小时，加盐调味即可。

适用人群： 此汤可除暑热烦渴，特别适合夏日不思饮食、便秘或下肢困倦之人食用。
注意事项： 大便溏泄者不宜用本汤。

黄芪党参瘦肉汤

补血补气、乌须黑发。

原材料 黄芪15克，党参25克，黑豆100克，猪瘦肉300克，红枣20克

调味料 姜5克，盐适量

做法

1. 先将黑豆用锅炒至豆衣裂开，再用清水洗干净，沥干水。
2. 将姜用清水洗干净，刮去姜皮，切成2片；将红枣用清水洗干净，去核；黄芪、党参、猪瘦肉分别用清水洗干净；将猪瘦肉切块。
3. 将以上材料一起放入炖盅内，用小火煲4小时左右，以少许盐调味即可。

适用人群： 面色无华、贫血的妇女和脱发者可多饮用本汤。
注意事项： 黑豆忌与厚朴、蓖麻籽、四环素同食。

麻仁当归猪肉汤

养血润肠。

原材料 猪瘦肉500克，火麻仁60克，当归10克，蜜枣25克

调味料 盐适量

做法

1.将火麻仁、当归分别洗净；将猪瘦肉洗净，切块。

2.把全部材料放入瓦煲内，加清水适量，以大火煮沸后，转小火煲2小时，调味后供食用。

适用人群：此汤适合病后恢复者、老人及产后妇女等血虚津枯之人食用，也适合阴血不足或肠中燥结者食用。

注意事项：感冒发热或大便溏泻者不宜食用本汤。

杏仁猪肉汤

滋补肺肾、润燥滑肠。

原材料 猪瘦肉500克，南杏仁90克，核桃仁15克

调味料 盐适量

做法

1.将南杏仁、核桃仁用开水稍烫，去衣；将猪瘦肉洗净，切厚片。

2.把全部原材料放入炖盅内，加清水适量，炖3小时，加盐调味即可。

适用人群：此汤适合因阴血虚亏所致肠燥便秘者，气虚血弱所致排便不力、大便干结者，肺肾两虚所致干咳无痰、少气乏力者或属肺燥之久患咳喘不愈者食用。

注意事项：肺寒咳喘、脾胃寒湿或便溏者不宜食用。

胡萝卜慈姑瘦肉汤

行血通淋、清润解毒。

原材料 猪瘦肉500克，胡萝卜250克，山慈姑50克

调味料 盐适量

做法

1. 将胡萝卜去皮，洗净，切厚片；将山慈姑洗净，切开两半。
2. 将猪瘦肉洗净，切块，与胡萝卜、山慈姑一起放入炖盅内，加清水适量，以小火煲1小时，加盐调味即可。

适用人群： 此汤适合热病后津液不足、脾虚胃热的小儿食用，麻疹后期的小儿或者热毒未清、胃阴不足者也可食用。

注意事项： 胃寒或湿盛者不宜食用本汤。

苦瓜酸菜瘦肉汤

清热生津、降糖减肥。

原材料 猪瘦肉200克，苦瓜150克，咸酸菜梗60克

调味料 盐适量

做法

1. 将苦瓜洗净，去瓤，切成厚片；将咸酸菜梗洗净，切丝；将猪瘦肉洗净，切块。
2. 把苦瓜、瘦肉放进锅内，加清水适量，以大火煮沸后，转小火煲1小时，放咸酸菜梗，再煲20分钟，加盐调味即可。

适用人群： 此汤适合高脂血症、肥胖或糖尿病属肝火盛型（症见心烦易怒、失眠心悸、口渴咽干、头痛目赤、舌红脉弦数）之人食用。

注意事项： 胃寒者不宜食用本汤。

玉竹瘦肉汤

生津止渴、清热除烦、滋阴解表。

原材料 猪瘦肉250克，玉竹100克，葛根60克，豆豉15克

调味料 葱白15克，盐适量

做法

1. 将玉竹、豆豉、葛根洗净；猪瘦肉洗净，切块；葱白洗净，切成葱花。
2. 把玉竹、葛根、猪瘦肉放入锅内，加清水适量，大火煮沸，小火煲1小时，再放入豆豉、葱白煲沸，加盐调味供用。

适用人群：适宜感冒、流感、热病患者食用。

注意事项：胃有痰湿气滞者忌食。

党参麦冬瘦肉汤

增液润燥、养胃生津。

原材料 猪瘦肉500克，党参60克，生地30克，麦冬30克，红枣50克

调味料 盐适量

做法

1. 将党参、生地、麦冬、红枣分别洗净。
2. 将猪瘦肉洗净，切块。
3. 把全部材料放入锅内，加水适量，以大火煮沸后，转小火煲2小时，最后加盐调味即可。

适用人群：此汤适合热病伤津或糖尿病渴饮者食用。

注意事项：脾虚湿盛或痰湿内结者不宜食用本汤。

枸杞菟丝鹌鹑蛋汤

补肾壮阳、固精止遗。

原材料 鹌鹑蛋100克，菟丝子30克，玉米须15克，枸杞10克

调味料 盐适量

做法

1. 将鹌鹑蛋煮熟，去壳。
2. 将菟丝子、玉米须、枸杞洗净，与鹌鹑蛋一起放入锅内，加清水适量，以大火煮沸后改用小火煲1~2小时，待汤成去渣，加盐调味即可。

适用人群：适宜肾气虚损之人食用。
注意事项：阴虚火旺者不宜食用本汤。

甘蔗瘦肉汤

清热解暑。

原材料 甘蔗500克，猪瘦肉300克，枳椇子15克

调味料 盐适量

做法

1. 将甘蔗去皮切块；将瘦肉洗净，切成丝。
2. 将所有原材料放入煲中，加适量清水，用中火煲2个小时，加盐调味即可。

适用人群：此汤适宜夏天暑气重、烦热、咽干喉痛或醉酒者食用。
注意事项：脾胃虚寒、便溏脾胃虚寒或便溏腹泻者忌食。

如何辨别霉变甘蔗：霉变的甘蔗多失去应有的光泽，质地较软，瓤部呈浅褐色或深褐色，可有霉点，嗅之有霉味、酒糟味或酸味。

绿豆马齿苋瘦肉汤

清肠凉血、止痢。

原材料 绿豆50克，马齿苋50克，猪瘦肉500克，蜜枣15克

调味料 盐5克

做法

1. 将绿豆洗净，浸泡1小时。
2. 将马齿苋、蜜枣洗净，猪瘦肉洗净切小块。
3. 将2 000毫升清水放入瓦煲内，煮沸后加入以上材料，以大火煲沸后，改用小火煲3小时，加盐调味。

适用人群：此汤适宜大肠湿热所致的大便稀溏、里急后重或大便出血者食用。
注意事项：本汤寒凉，脾胃虚寒者慎用。

人参双蜜瘦肉汤

益气生津、除烦醒酒。

原材料 人参10克，蜜梨200克，银耳干15克，猪瘦肉400克，蜜枣15克

调味料 盐5克

做法

1. 将人参洗净，切片；将蜜梨洗净，去皮、核，切成4块。
2. 将银耳浸泡，去蒂部硬结，撕成小朵，洗净；将猪瘦肉洗净，切成块状，汆水；将蜜枣洗净。
3. 将以上材料一同放入炖盅内，注入沸水800毫升，加盖，隔水炖4小时，加盐调味。

适用人群：此汤适宜因吸烟过多引起的咳嗽咽干、口苦口臭、胸闷胸痛者，或饮酒宿醉后头重头痛、神志不清、口咽干燥者食用。
注意事项：本汤寒凉，肺虚或脾胃虚寒者慎用。

三子瘦肉汤

补肾涩精、清肝明目、乌须黑发。

原材料 女贞子、菟丝子、干覆盆子各25克，核桃仁10克，猪瘦肉100克

调味料 姜5克，盐适量

做法

1. 将女贞子、菟丝子、干覆盆子洗净；将核桃仁捣碎；将猪瘦肉切片，汆水。
2. 将所有材料放入瓦煲，加水适量，煲至出味，加姜、盐调味，去药渣即可饮用。

适用人群：此汤特别适合体虚血弱、思虑太多、病后失调或产后欠补者食用。

注意事项：感冒发热者不宜食用本汤。

茅根瘦肉汤

清热生津、利尿解酒。

原材料 干白茅根30克，马蹄100克，猪瘦肉500克，蜜枣15克

调味料 盐5克

做法

1. 将白茅根、蜜枣洗净；将马蹄去皮，洗净。
2. 将猪瘦肉洗净，切块，汆水。
3. 将2 000毫升清水放入瓦煲内，煮沸后加入以上材料，以大火煲沸后，改用小火煲3小时，加盐调味。

适用人群：本汤对因烟酒过多引起的咽痛声嘶、尿少尿痛者尤为适宜。

注意事项：脾胃虚寒者不宜服用本汤。

蜜梨猪肉汤

清热润燥、生津止渴。

原材料 猪瘦肉500克，蜜梨10克，干无花果50克

调味料 盐适量

做法

1. 将蜜梨连皮洗净，每个切成4块，去核；将干无花果洗净；将猪瘦肉洗净，切块，汆水。
2. 把全部材料放炖盅内，加清水适量，大火煮沸后转小火煲2小时，加盐调味供用。

适用人群： 此汤适合胃肠燥热者（症见口渴、便秘），肺燥干咳者以及热病后胃阴不足、劳累声嘶、咽干喉痛者食用。

注意事项： 胃寒口淡、湿痰内盛及肺寒咳嗽见痰多清稀者不宜用本汤。

玄参瘦肉汤

滋阴增液、凉血止血。

原材料 玄参20克，生地50克，麦冬20克，猪瘦肉500克，蜜枣25克

调味料 盐3克

做法

1. 将玄参、生地、麦冬洗净。
2. 将猪瘦肉洗净，切块，飞水；将蜜枣洗净。
3. 在瓦煲内加清水2 000毫升，煮沸后加入所有材料，以大火煲滚后改用小火煲3小时，加盐调味即可。

适用人群： 因虚火上升而引起的咳痰带血、鼻出血、牙龈出血、口舌干燥、心烦口渴、大便秘结者可多饮用此汤。

注意事项： 本汤滋阴降火力强，胃寒或脾虚泄泻者慎用。

红豆茅根瘦肉汤

清热利尿、凉血止血。

原材料 红豆30克，干白茅根30克，薏米30克，生地30克，猪瘦肉150克，蜜枣15克

调味料 盐3克，花生油、生粉各适量

做法

1. 将红豆、薏米、生地洗净，浸泡1小时。
2. 将白茅根洗净；将蜜枣洗净。
3. 将猪瘦肉洗净，切块，汆水。
4. 将2 000毫升清水放入瓦煲内，煮沸后加入以上材料，以大火煲沸后，改用小火煲3小时，加盐调味。

适用人群： 此汤适合泌尿系统感染者，或泌尿系统结石引起的尿频、尿急、尿痛、尿血者食用。

注意事项： 脾胃虚寒者不宜服用本汤。

黑木耳红枣瘦肉汤

洁肤去斑、美容护肤。

原材料 泡发黑木耳50克，红枣50克，猪瘦肉300克

调味料 盐适量

做法

1. 将黑木耳、红枣（去核）浸开，洗净。
2. 将猪瘦肉洗净，切片。
3. 将黑木耳和红枣置于瓦煲内，加清水适量，以小火炖开后调入瘦肉，煲至肉熟，调味即可。

适用人群： 此汤适合气虚血淤诸证（症见面部色斑、面色萎黄、暗黑）患者食用。

注意事项： 黑木耳有活血抗凝的作用，有出血性疾病的患者不宜食用。孕妇不宜多吃。

哈密瓜银耳瘦肉汤

滋润养颜。

原材料 哈密瓜500克，泡发银耳40克，猪瘦肉500克

调味料 盐5克

做法

1. 将哈密瓜去皮、瓤，洗净，切块。
2. 将银耳去除根蒂部硬结，撕成小朵，洗净；将猪瘦肉切片，洗净，汆水。
3. 将清水1 600毫升放入瓦煲内，煮沸后加入以上材料。
4. 以大火煲沸后，改用小火煲2小时，加盐调味即可。

适用人群：此汤适合睡眠不足者，吸烟过多而皮肤干燥晦暗、干咳、口干、咽燥、大便不畅者食用。

注意事项：本汤清凉，脾虚泄泻、胃寒或肺虚咳嗽者慎用。

党参山药猪肉汤

补气健脾。

原材料 猪腱肉500克，党参30克，干山药30克，莲子60克，红枣40克

调味料 盐适量

做法

1. 将山药、莲子（去心）洗净后，用清水浸半小时。
2. 将党参、红枣（去核）洗净；将猪腱肉洗净，切块。
3. 把全部材料放入锅内，加清水适量。
4. 用大火煮沸后转小火煲2~3小时，加盐调味即可。

适用人群：此汤适合脾胃气虚者（症见消化力弱、肢体疲倦、饮食减少、大便不实），病后体虚、不思饮食者或脾虚体弱、食欲不佳的小儿食用。

注意事项：感冒发热者不宜食用本汤。

红枣沙参煲羊脊骨

补腰肾、强筋骨。

原材料 红枣20克，羊脊骨500克，猪瘦肉100克，北沙参5克

调味料 姜片、盐、鸡精各适量

做法

1. 将红枣、北沙参洗净；将羊脊骨洗净，用大骨刀斩数块；将猪瘦肉洗净，切块。
2. 锅内烧水，水开后放入羊脊骨、猪瘦肉滚去表面血迹，再捞出洗净。
3. 将全部材料与姜片一起放入瓦煲内，加入清水适量，用大火烧开后转用小火慢煲2小时，加盐、鸡精调味即可。

适用人群：此汤适用于腰膝酸软乏力、贫血者。

注意事项：阴亏火旺者慎用。

小白菜炖猪骨汤

利肠胃、增食欲。

原材料 小白菜400克，猪肋骨250克

调味料 姜5克，盐3克

做法

1. 将猪肋骨斩件，放入沸水中汆烫，去油腻，取出洗净；将小白菜洗净，切段。
2. 将猪肋骨放入煲内加水适量，以大火煲沸，改小火炖1小时，再加白菜煲20分钟，加盐调味即可。

适用人群：适宜老人或患骨质疏松症之人食用。

注意事项：肥胖及高脂血症患者慎食。

川贝炖豆腐

清热润肺、化痰止咳。

原材料 豆腐400克，川贝母15克

调味料 冰糖、盐各适量

做法

1. 将川贝母打碎或研粗末；将豆腐切小块冲洗干净。
2. 将川贝母粉与冰糖一起放于豆腐之上，放入炖盅内，炖盅加盖，用小火隔开水炖1小时，加盐调味即可。

适用人群：此汤适合燥热咳嗽或肺虚入咳（症见痰少咽燥、咯吐不爽、经久不愈、大便干硬、舌红少苔）之人食用。

注意事项：脾胃虚寒者应慎食。

生地槐花脊骨汤

清热凉血、消痔止血。

原材料 生地50克，干槐花20克，猪脊骨500克，蜜枣25克

调味料 盐5克

做法

1. 将生地、干槐花洗净，浸泡1小时。
2. 将猪脊骨斩件，汆水，洗净；将蜜枣洗净。
3. 将2 000毫升清水放入瓦煲内，煮沸后加入以上材料，以大火煲沸后，改用小火煲3小时，加盐调味。

适用人群：此汤适宜肠热便秘或痔疮出血者食用。

注意事项：脾胃虚寒者不宜服用本汤。

芹菜苦瓜瘦肉汤

清热平肝、消脂降压。

原材料 芹菜300克，苦瓜200克，猪瘦肉400克

调味料 花生油10毫升，糖5克，生粉3克，酱油3毫升，盐3克

做法

1. 将芹菜洗净，切成短条状；将苦瓜去瓤，洗净，切成厚片状。
2. 将猪瘦肉洗净，切片，加少许花生油、糖、少许盐、生粉、酱油拌匀，腌渍30分钟。
3. 瓦煲内加清水1 000毫升，煮沸后加入芹菜、苦瓜和剩余花生油，煲沸15分钟后放入猪瘦肉，煮至瘦肉熟，加盐调味即可。

适用人群： 适于高脂血症、高血压或糖尿病患者饮用。

注意事项： 本汤寒凉，脾胃虚寒者慎用。

藕节生地排骨汤

活血凉血、止血、清热解暑、散淤、滋阴、生津止渴。

原材料 藕节50克，生地30克，泡发黑木耳15克，猪排骨500克，蜜枣15克

调味料 盐5克

做法

1. 将藕节刮去须、皮，洗净。
2. 将生地、黑木耳洗净；将猪脊骨斩件，洗净，汆水；将蜜枣洗净。
3. 将清水2 000毫升放入瓦煲内，煮沸后加入以上材料。
4. 以大火煲沸后，改用小火煲3小时，加盐调味。

适用人群： 适宜月经过多兼见大便出血的妇女食用。

注意事项： 本汤凉血之力较强，脾胃虚寒者慎用。

沙参玉竹老鸭汤

滋阴清补。

原材料 光老鸭600克，北沙参15克，玉竹15克

调味料 姜5克，盐适量

做法

1. 将北沙参、玉竹洗净；将老鸭洗净，斩件。
2. 把全部材料放入锅内，加清水适量，大火煮沸后转小火煲2小时，加盐调味供用。

适用人群： 此汤适合肾阳不足之肠燥便秘者、肺阳不足之干咳劳热、胃阴不足之渴饮烦躁者食用，亦适宜病后体虚或糖尿病属阴虚者食用。

注意事项： 感冒发热或痰湿内盛者不宜食用本汤。选用老鸭时，以鸭喉（气管）硬者为佳。

归芪炖猪蹄

补气益血、强壮筋骨。

原材料 猪蹄1 000克，当归12克，黄芪30克，蜜枣25克

调味料 盐适量

做法

1. 将猪蹄上的毛刮净，洗净，斩成大块，放入沸水中，以大火煮10分钟，捞起用清水漂过。
2. 将当归、黄芪洗净，与猪蹄、蜜枣同放砂煲里，加清水适量。
3. 用小火煲3小时，加盐调味食用。

适用人群： 适宜病后失调、气血不足者或产后气血两虚的妇女食用。

注意事项： 喝猪蹄汤时不宜吃松花蛋与蟹类等。猪蹄中脂肪的含量较高，慢性肝炎、胆囊炎或胆结石等患者不宜食用。

蚌肉炖老鸭

滋阴补肾、行水除烦。

原材料 鲜蚌肉60克，老鸭肉150克

调味料 姜5克，盐适量

做法

1. 将蚌肉洗净；将老鸭肉洗净，斩件；将姜片洗净备用。

2. 把全部材料和姜片一起放入炖盅内，加开水适量，炖盅加盖，用小火隔开水炖2小时，加盐调味即可。

适用人群： 此汤特别适合肾阴亏或阴虚内热者（症见面热潮红、眩晕头痛、烦热失眠、腰酸乏力）食用。

注意事项： 将老鸭改成野鸭，则行水解毒、消水肿之力更佳。

熟地炖老鸭

滋肾补肺、润燥止咳。

原材料 老鸭500克，熟地60克，红枣50克

调味料 盐适量

做法

1. 将鸭去毛、肠脏、头颈、爪，洗净后沥干水；将熟地、红枣洗净。

2. 将熟地、红枣放入鸭腹腔内，将鸭放入炖盅内，加开水适量，炖盅加盖，以小火隔开水炖 3 小时，加盐调味供用。

适用人群： 此汤适合肺肾阴虚（症见潮热干咳），病后体虚而见咳喘气短、咽干口渴者食用。哮喘日久不愈、肺结核咳痰带血等属肺肾阴亏者亦可食用。

注意事项： 便溏和痰湿内盛者不可服食此汤。

花旗参冬瓜鸭汤

清暑热、益气生津。

原材料 水鸭500克，花旗参25克，冬瓜（连皮）500克，眉豆90克，红枣30克

调味料 姜、盐各适量

做法

1. 将花旗参略洗，切片；将冬瓜带皮洗净，切块；将眉豆、姜、红枣（去核）洗净；将水鸭洗净，去内脏，切块。
2. 把全部材料放入炖盅内，以大火煮沸后，以小火煲 2 小时，加盐调味即可。

适用人群：此汤适合夏季感暑或津气已伤（症见体倦少气、汗多、口渴心烦、脉虚数）之人食用。

注意事项：鸭肉为多脂肪食物，不宜多食。

花旗参炖鸭

益气养阴、滋阴养胃、补气利水。

原材料 花旗参5克，水鸭200克

调味料 姜片5克

做法

1. 将水鸭去毛剖好，切块略煮，捞出备用；将花旗参洗净，切片。
2. 将所有原材料及姜片放入炖盅内，加水250毫升，隔水炖2小时即可。

适用人群：适合气血两虚、虚热内扰、眠差口干、午后潮热、盗汗或水肿之人食用。

注意事项：脾虚便溏、腹泻或外感未清者不宜食用。

川贝蜜梨猪肺汤

润肺、化痰止咳。

原材料 猪肺125克，川贝母15克，蜜梨200克

调味料 盐适量

做法

1. 将猪肺切厚片，泡在水中用手挤洗干净，放入开水中煮5分钟，捞起过水，沥干。
2. 将蜜梨洗净，连皮切成4块，去核；将川贝母洗净备用。
3. 把全部材料放入开水锅内，以大火煮沸后，转小火煲2~3小时，加盐调味供用。

适用人群：此汤很适合咳嗽痰稠、咳痰不易或咽干口渴者食用；亦适宜患呼吸道感染或支气管炎者食用。

注意事项：若寒痰、湿痰内盛，痰清稀、色白者不宜用本汤品。

杏仁百合猪肺汤

清热止咳、补中益气。

原材料 猪肺125克，干百合20克，杏仁25克，蜜枣25克

调味料 盐适量

做法

1. 将猪肺用水洗净，切成小块，挤除泡沫，洗净滤干；将百合、杏仁洗净。
2. 将猪肺、百合、杏仁、蜜枣同放砂煲里，加水适量，用小火煲3小时，调味食用。

适用人群：此汤能清热润肺、止咳，适宜肺虚咳嗽、咯血、久咳不止、痰浓气臭、肺气肿之人食用。

注意事项：中老年人应少食此汤，因为动物内脏含高胆固醇，对高血压、高脂血症、糖尿病、心脑血管疾病都非常不利。

芡实老鸽汤

补气健脾。

原材料 老鸽400克，猪瘦肉300克，干山药60克，芡实30克，干桂圆肉15克

调味料 姜片5克，盐适量

做法

1. 将老鸽剖净，去内脏及爪；将瘦肉洗净，切厚块，与鸽肉一起汆水，捞出沥干。
2. 将山药、芡实、桂圆肉、姜片洗净，与鸽肉、瘦肉一起放入煲里，加清水适量，以大火煮沸后，改用小火煲3小时，调味即可。

适用人群： 适宜脾胃气虚者（症见面色萎黄、气短懒言、饮食减少、大便溏薄、肢体微肿）和心悸失眠之人食用。

注意事项： 湿热泄泻或实证水肿者不宜用本汤。

冰糖燕窝炖乳鸽

补气润肺、滋养容颜。

原材料 燕窝25克，乳鸽200克，冰糖30克

调味料 白糖20克

做法

1. 将乳鸽宰杀后去毛及内脏，去骨，将肉切丝。
2. 将燕窝浸发，去除杂毛。
3. 将鸽肉和燕窝、冰糖、白糖放入炖锅内，以小火炖3小时即可食用。

适用人群： 适宜气血不足之面色无华者食用。

注意事项： 儿童应慎食。

桂圆猪心汤

补益气血、养心安神。

原材料 猪心350克，干桂圆肉200克，红枣20克，党参20克

调味料 盐适量

做法

1. 将猪心切去肥油，洗净。
2. 将桂圆肉、红枣（去核）、党参洗净，与猪心一起放入炖盅里，加清水适量，用小火煲3小时，加盐调味食用。

适用人群： 适宜气血两虚（症见虚烦失眠、心悸多梦、神疲乏力、脉细弱）之人食用。神经衰弱、风湿性心脏病等见心悸不眠症者亦可食用。
注意事项： 中老年人宜少吃，因为动物内脏含胆固醇高，有高血压、高脂血症、糖尿病以及心脑血管疾病患者也不宜多吃。

生地绿豆白鸽汤

清热凉血、解毒消疮。

原材料 生地50克，绿豆50克，白鸽450克，蜜枣15克

调味料 盐3克

做法

1. 将生地、绿豆洗净，浸泡1小时；
2. 将白鸽去毛、肠脏，洗净；将蜜枣洗净；
3. 将2 000毫升清水放入瓦煲内，加入以上材料，以大火煲沸后改用小火煲3小时，加盐调味。

适用人群： 适合血小板减少性皮下出血者食用。
注意事项： 本汤寒凉，脾胃虚寒者慎用。

生地黄芪猪胰汤

滋肾补脾、生津止渴。

原材料 猪胰350克，猪瘦肉60克，黄芪30克，生地30克，干山药30克

调味料 油、料酒、盐各适量

做法

1. 将黄芪、生地、山药洗净，放锅内，加清水适量，以大火煮沸后，转小火煲至山药熟。
2. 将猪胰洗净，去油脂，切片；将猪瘦肉洗净，切片，一起放入容器内，加油、盐、料酒适量，腌15分钟，放入已煲好的汤内，加盖煲15分钟。

适用人群： 此汤适合脾肾阴亏者（症见口渴引饮）、肺胃实热之咽干渴饮或糖尿病之渴而多饮者食用。

注意事项： 若糖尿病患者将此汤品作为辅助食疗方，则宜隔日一服。因猪胰属内脏，不宜长期食用。

海参鳖甲猪脊骨汤

补肾益精、强壮腰膝。

原材料 猪脊骨200克，干海参50克，鳖甲30克，怀牛膝30克，核桃仁60克

调味料 盐适量

做法

1. 将海参用水浸发好，洗净，切丝。
2. 将猪脊骨洗净，除去血筋，汆烫。
3. 将鳖甲、怀牛膝、核桃仁洗净，与猪脊骨一起放入锅内，加清水适量，以大火煮沸后，转小火煲1小时，再下海参煲1小时，加盐调味即可。

适用人群： 此汤适合肾气不足、精血亏损（症见虚弱劳怯、腰膝酸软、头晕耳鸣）之人食用。

注意事项： 本汤较为滋滞，脾胃有湿之大便泄泻者不宜食用本汤。

当归牛尾汤

补血益肾、强筋骨。

原材料 当归30克，牛尾骨500克

调味料 盐、料酒各适量

做法

1. 将牛尾巴去毛，刮洗干净，切成数段。
2. 将当归洗净，切厚片。
3. 将所有材料一起放入炖盅里，加清水适量，用小火煲4小时，加盐、料酒调味即可。

适用人群： 适用于肾虚阳痿、腰痛或下肢酸软乏力等症患者的食疗。

注意事项： 补血应用当归身，活血用当归尾，和血则用全当归。

当归牛肉汤

活血益气、祛风散寒。

原材料 当归5克，干山药10克，牛肉150克

调味料 姜10克，盐、葱、料酒各适量

做法

1. 将牛肉切块，姜切片；将山药在砂锅中用水煎15分钟，留汁备用。
2. 将牛肉块在沸水中汆烫，捞出沥干。
3. 将牛肉块与当归、山药及其煎制的汁一起放入锅中，放入约600毫升清水，同时加入葱、料酒及姜片。
4. 用中火炖约1小时至软烂后，加入盐，稍煮几分钟即可。

适用人群： 特别适合在冬季畏寒、手脚冰凉之人食用。

注意事项： 感冒时忌食此汤。

田七生地猪肚汤

健胃、凉血止血。

原材料 田七15克，生地50克，猪肚500克，蜜枣15克

调味料 盐3克，花生油、生粉各适量

做法

1. 将田七打碎，洗净，浸泡2小时；将生地洗净，浸泡1小时。
2. 将猪肚反转，用生粉和花生油反复搓擦，洗净，汆水。
3. 将2 000毫升清水放入瓦煲内，煮沸后加入以上材料，以大火煲沸后改用小火煲3小时，加盐调味。

适用人群： 适合消化道出血见口干、烦渴者食用。

注意事项： 本汤既清凉又散淤，脾胃虚寒者慎用。

猪皮蹄髈红枣汤

润泽肌肤、身体强健。

原材料 猪皮100克，猪蹄髈500克，红枣40克

调味料 盐适量

做法

1. 将猪皮去毛，洗净，切块；将红枣洗净去核。
2. 将猪蹄髈洗净，切块汆烫。
3. 将以上材料加清水适量，以小火炖至皮、肉烂熟后调味服食。

适用人群： 此汤适合皮肤皱纹密集、色素沉着、有青紫淤斑或白细胞下降、贫血者食用。

注意事项： 肥胖和血脂较高者不宜多食。

大白菜牛百叶汤

清润生津、调养脾胃。

原材料 牛百叶500克，大白菜500克，蜜枣25克

调味料 盐适量

做法

1. 将白菜洗净，将梗、叶分开。
2. 将牛百叶放入开水中浸2~3分钟，捞起刮去黑衣，洗净，切成梳形件。
3. 把白菜梗、蜜枣放开水锅内，放入牛百叶以大火煮沸后，转小火煲1小时，放入白菜叶，再煲20分钟，加盐调味。

注意事项：若老人中阳不足，饮此汤稍感过凉者，可加姜2~3片同煲，且煲汤时间稍延长。

适用人群：适合胃津不足者（症见口渴多饮）和燥热伤肺之干咳痰少者食用。

青豆牛肉汤

健脾养血、利水消肿。

原材料 青豆100克，牛肉200克

调味料 盐适量

做法

1. 将青豆洗净；将牛肉洗净，切片，汆烫。
2. 把全部材料一起放入炖盅内，加开水适量，炖盅加盖，以小火隔水炖至牛肉熟，加盐调味即可。

适用人群：适宜肾病属脾虚血少者（症见反复水肿、面色萎黄或胱白、神疲乏力、纳少便溏）或肾炎水肿、贫血者食用。

注意事项：牛肉宜用黄牛肉。

续断核桃仁牛尾汤

补肾强骨。

原材料 牛尾500克，续断25克，核桃仁60克

调味料 盐适量

做法

1. 将续断、核桃仁洗净；将牛尾去毛，洗净斩数段，用沸水汆烫捞出备用。
2. 把全部材料一起放锅内，加清水适量，以大火煮沸后转小火煮2小时，最后加盐调味即可。

适用人群：此汤适合患肾病日久或久病伤肾者（症见腰膝酸软、腰腿冷痛乏力、小便清长）或有水肿尿少之人食用。

注意事项：阳盛或小便多者慎用此汤。

山药羊肉汤

温补肝肾、益精壮阳。

原材料 羊肉750克，干山药30克，当归15克

调味料 姜7克，盐适量

做法

1. 将羊肉洗净，切块，用开水汆去膻味。
2. 将山药、当归洗净，与羊肉、姜一起放入炖盅内，加清水适量，以大火煮沸后转小火煲3小时，最后加盐调味。

适用人群：此汤适合肝肾两虚或肾阳不足之人食用。

注意事项：外感发热、湿热内盛者不宜食用本汤。

巴戟锁阳羊腰汤

温补肾阳、益精壮阳。

原材料 羊腰500克，巴戟天30克，锁阳30克，淫羊藿15克

调味料 姜7克，盐适量

做法

1. 把羊腰切开，割去白筋膜，用清水冲洗干净，切片。
2. 将巴戟天、锁阳、淫羊藿、姜洗净，与羊腰一起放入锅内，加水适量，以大火煮沸后改用小火煲2小时，加盐调味即可。

适用人群：此汤适合肾阳不足之人食用。
注意事项：阳强不倒者禁用。

洋葱羊肉汤

温肾壮阳、利水消肿。

原材料 羊肉750克，洋葱60克，肉苁蓉30克

调味料 姜7克，盐适量

做法

1. 将羊肉洗净，切块，入开水中汆去膻味。
2. 将洋葱切成块。
3. 将姜、肉苁蓉洗净，与羊肉、洋葱块一起放入锅内，加清水适量，以大火煮沸后转小火煲3小时，加盐调味供用。

适用人群：此汤适合肾阳不足者食用，症见下肢水肿、腰酸脚软、筋骨乏力，亦可用于辅助治疗脚气病、慢性肾炎之水肿。
注意事项：阳亏火旺或肺胃有热者不宜食用本汤。

参芪兔肉汤

补气健脾、消除疳积。

原材料 兔肉200克，黄芪30克，党参30克，红枣25克

调味料 盐适量

做法

1. 将兔肉斩件，洗净，汆烫。
2. 将黄芪、党参、红枣（去核）洗净，与兔肉一起放入锅内，加清水适量，以大火煮沸后，转小火煲2小时，加盐调味即可。

适用人群： 此汤适合病后失调、脾胃气虚者食用，症见形体消瘦、食欲不振、神疲乏力。

注意事项： 此汤也可以雪蛤代替兔肉，如两者均无，可用牛蛙肉，其功效相似而力稍逊。

参茸枸杞炖龟肉

填精益精、补气养血。

原材料 乌龟500克，人参6克，鹿茸6克，枸杞6克

调味料 盐3克

做法

1. 将人参、鹿茸、枸杞稍冲洗；将乌龟用开水烫死后去龟壳、肠脏，洗净，斩件。
2. 把全部材料一起放入炖盅内，加开水适量，炖盅加盖，以小火隔开水炖3小时，加盐调味即可。

适用人群： 此汤适合患肾病日久或精血亏虚者食用。

注意事项： 肾病有实邪者不宜饮用本汤。

芡实枸杞龟苓汤

滋阴清热、健脾益肾。

原材料 乌龟500克，土茯苓150克，芡实60克，枸杞30克，干桂圆肉60克

调味料 盐适量

做法

1. 将乌龟放入盆中，淋热水使其排尿，用开水将其烫死后洗净，剖开，去内脏、头及爪；将土茯苓、芡实稍浸；将枸杞、桂圆肉洗净。
2. 把龟肉、龟甲及其他材料一起放入炖盅内，加清水适量，以大火煮沸后，转小火煲3小时以上，调味供用。

适用人群：适合肾阴不足（症见骨蒸潮热）之人食用。

注意事项：感冒未愈者不宜食用本汤。

黄芪薏米乌龟汤

补脾肾、消水肿。

原材料 乌龟1 250克，黄芪30克，薏米15克，杜仲10克

调味料 姜5克，盐适量

做法

1. 将黄芪洗净；将薏米洗净，晾干水后略炒；将杜仲洗净；将乌龟用开水烫死，去龟壳、肠脏，洗净，斩件。
2. 把全部材料一起放入锅内，加清水适量，以大火煮沸后，转小火煮1~2小时，放盐调味即可。

适用人群：此汤适宜食欲不振、倦怠无力、头晕耳鸣或腰膝酸软之人食用。

注意事项：肾病有外感者不宜饮用本汤。

山药炖甲鱼

健脾养血、滋阴补肾。

原材料 甲鱼500克，干山药30克，枸杞15克

调味料 姜3克，盐适量

做法

1. 将山药洗净，用清水浸半小时；将枸杞用水稍冲洗。
2. 用开水烫甲鱼，使其排尿后，将其宰杀，去除肠脏，洗净，切块，与山药、枸杞、姜片一起放入炖盅内，加开水适量，炖盅加盖，以小火隔开水炖2~3小时，加盐调味即可。

适用人群： 适合脾肾不足、精血虚少者，或腰膝无力、视物不清的老人，或病后体虚、贫血气弱之人食用。

注意事项： 感冒发热、湿重、积滞者不宜食用本汤。

沙参玉竹炖甲鱼

滋养肺、胃、肾，降糖消渴。

原材料 甲鱼250克，北沙参、玉竹各15克

调味料 姜5克，盐适量

做法

1. 用沸水烫甲鱼，让其排尽尿，宰杀后去内脏，洗净，斩件。
2. 将北沙参、玉竹、姜洗净。
3. 把全部材料放入炖盅内，加开水适量，炖盅加盖，隔开水用小火炖2~3小时，加盐调味即可。

适用人群： 此汤适宜糖尿病、高血压病属阴虚者食用。

注意事项： 沙参有南沙参、北沙参之分，做汤宜用北沙参。

桂圆枸杞炖甲鱼

降低胆固醇、补虚肾、益精气。

原材料 甲鱼500克，干桂圆肉10克，枸杞10克

调味料 盐、味精各适量

做法

1. 将甲鱼宰杀洗净后，用沸水汆一下。
2. 在砂锅中放适量水，下入甲鱼、桂圆肉、枸杞，用小火炖2小时左右，最后用盐和味精调味即可。

适用人群：此汤适宜因肺肾阴虚引起的虚劳、盗汗、潮热等症状者食用。

注意事项：肠胃功能虚弱、消化不良的人应慎吃，尤其是患有肠胃炎、胃溃疡或胆囊炎等消化系统疾病患者更不宜食用此汤。

黄花菜炖甲鱼

滋阴降火、补肾活血。

原材料 甲鱼500克，猪瘦肉200克，干黄花菜30克，干木耳15克

调味料 盐适量

做法

1. 将干黄花菜浸水、木耳（浸开）洗净；将猪瘦肉洗净，切块；用热水烫甲鱼，让其排尽尿，再将其宰杀，去内脏，洗净，斩件。
2. 把全部材料放入炖盅内，加开水适量，炖盅加盖，隔开水炖2~3小时，加盐调味即可。

适用人群：此汤适合阴虚血热之人食用。

注意事项：脾胃寒湿者不宜食用本汤。

熟地枸杞炖甲鱼

润肺止咳。

原材料 甲鱼250克，熟地15克，枸杞30克

调味料 盐适量

做法

1. 将熟地洗净，切小片；将枸杞洗净；将甲鱼用沸水烫，让其排尽尿，宰杀后去肠脏、头、爪，洗净，斩件。

2. 把全部材料放入炖盅内，加开水适量，炖盅加盖，用小火隔开水炖2小时，调味即可。

注意事项：肾病、脾肾阳虚见食少便溏、小便清长者不宜用本汤。若肾结核阴虚火旺伤及血络而见血尿者，应将熟地改为生地。

适用人群：此汤特别适合肾病属肝肾阴虚者食用。

石斛玉竹甲鱼汤

润肺止咳、滋阴养颜。

原材料 石斛6克，玉竹30克，甲鱼500克，蜜枣15克

调味料 盐5克

做法

1. 将玉竹、石斛洗净，浸泡1小时；将蜜枣洗净。

2. 将甲鱼与清水一同放入煲内，加热至水沸甲鱼死，去肠脏，去四肢表皮，洗净，斩件，汆水。

3. 将2 000毫升清水放入煲内，煮沸后加入以上材料，以大火煲开后，改用小火煲3小时，加盐调味。

适用人群：此汤对肺燥、肺阴虚引起的干咳痰少、潮热盗汗、口干烦渴者尤为适宜。

注意事项：胃肠功能差、消化不良或腹泻者不宜多服。

铁观音鲫鱼汤

健脾利水、清热滋阴。

原材料 铁观音茶叶12克，鲫鱼500克

调味料 姜7克，油、盐各适量

做法

1. 将茶叶用开水洗一遍。
2. 将鲫鱼宰杀，去鳞、鳃及脏杂，洗净。
3. 把茶叶纳入鲫鱼腹内，与姜一起放进瓦煲内，加入清水1 750毫升，以大火煲沸后，改小火煲约1小时，调入适量盐和少许生油便可。

适用人群：适宜糖尿病者胃炽热盛见消渴不止、消谷善饥或胃脘部胀闷之人食用。

注意事项：此汤中的铁观音茶也可用普洱茶代替。感冒者不宜食用本汤。

党参白术山药鲫鱼汤

补益脾胃。

原材料 鲫鱼500克，党参15克，白术15克，干山药30克

调味料 盐适量

做法

1. 将鲫鱼剖净，去内脏，洗净；将党参、白术、山药分别洗净，放入锅内，加水煎取药汤，去渣，煎两次，两汤合并。
2. 把鲫鱼放入砂锅内，再放入药汤，以大火煮沸后，改用小火煲至鱼肉熟，加盐调味即可。

适用人群：适宜脾胃虚弱所致的食少、食后腹胀、四肢无力等症者食用。

注意事项：感冒者忌食。

节瓜薏米鳝鱼汤

清热祛湿、缓和拘挛。

原材料 鳝鱼250克，节瓜200克，薏米60克，芡实30克，水发香菇15克

调味料 姜10克，盐适量

做法

1. 将鳝鱼剖洗干净切段，在开水锅内稍煮，捞起过冷水；刮净节瓜之青皮，洗净，切成大块；将姜、薏米、香菇、芡实洗净。
2. 把全部材料放入开水锅内，以大火煮沸后，转小火煲2小时，加盐调味即可。

适用人群：此汤用于湿热下注筋骨（症见手足麻木拘挛、痿软无力、屈伸不利、红肿酸痛，小便短赤）和湿热下注之带下、湿疹等症。

注意事项：狗肉不宜与鳝鱼同食。

山药玉竹炖鳝鱼

滋阴补虚、退热生津。

原材料 鳝鱼100克，干山药10克，玉竹10克

调味料 盐适量

做法

1. 将鳝鱼去肠脏，洗净，切短段；将山药、玉竹洗净。
2. 将全部材料放入炖盅内，加开水适量，炖盅加盖，以小火隔开水炖3小时，加盐调味即可。

适用人群：此汤适用于阴虚有热者和久咳肺虚之干咳口渴之人食用；亦适宜肺结核之低热不退、烦躁和神经衰弱属阴虚有热者食用。

注意事项：脾虚、痰湿内盛者不宜食用本汤。

豆腐鳝鱼汤

清热利湿。

原材料 鳝鱼500克，豆腐250克

调味料 盐适量

做法

1. 将鳝鱼剖开去内脏，洗净，斩段，放入煲里，加水适量，用小火煲。
2. 将鳝鱼煲至五成熟时加入豆腐，以小火煲半小时，加盐调味供用。

适用人群：此汤特别适宜小便不利、水肿、湿热或黄疸等症者食用。

注意事项：如果用小鳝鱼仔煲此汤，则不必剖开去内脏。

花旗参无花果黑鱼汤

清热润燥、养阴生津、滋补强壮。

原材料 花旗参5克，干无花果30克，黑鱼500克

调味料 油、盐各适量

做法

1. 先将黑鱼剖洗干净，去净鱼鳞，冲洗干净，再抹干鱼身，起油锅，放入黑鱼，将鱼身煎至微黄色。
2. 将花旗参和无花果分别用清水洗干净。
3. 将花旗参切片；将无花果切开边，连同黑鱼放入炖盅中，用小火炖4小时左右，加少许盐调味即可。

适用人群：适宜患者睡眠不足而虚火上升、牙肉肿痛、大便秘结或痔疮下血等症之人食用。

注意事项：感冒者忌喝。

番茄豆腐鱼丸汤

清润生津。

原材料 鱼肉250克，番茄250克，豆腐100克

调味料 葱20克，盐适量

做法

1. 将番茄洗净，切块；将豆腐切块；将葱洗净，切成葱花。
2. 将鱼肉洗净，剁烂，调味加入适量水搅至起胶，放入葱花搅匀，做成鱼丸。
3. 把豆腐放入煲内，加适量清水，以大火煮沸后放入番茄，再煮沸后，放入鱼丸煮熟，加盐调味供用。

适用人群： 适宜平时阴亏、胃津不足、热病伤津、咽干或口渴多饮之人食用。
注意事项： 胃寒或胃酸过多者不宜食用本汤。

麦冬海鲜节瓜汤

清热利水、解暑祛燥。

原材料 麦冬3克，虾30克，蛤蜊280克，节瓜200克，玉米粒10克

调味料 盐、葱、姜、料酒、油各适量

做法

1. 将蛤蜊用清水浸泡，滴几滴油使其吐出泥沙；将虾去掉虾线。
2. 将麦冬用温水浸泡20分钟滤掉泥沙；将节瓜切块备用。
3. 将所有材料和葱、姜、料酒一起放入炖盅，以小火炖2个小时后放入适量盐即可。

适用人群： 特别适合夏季体内燥热之人食用。
注意事项： 煎制麦冬的时间需充足，才能够将其营养成分充分煎制出来。

胡萝卜甘蔗马蹄汤

活络气血、清热降火。

原材料 去皮马蹄500克，甘蔗750克，胡萝卜500克

调味料 冰糖适量

做法

1. 将甘蔗洗净切成10厘米一段，再切成4块（对切再对切）。
2. 将马蹄洗净，拍碎。
3. 将胡萝卜洗净、去皮，切成块状。
4. 将所有材料放入煲中，加水炖1小时，最后加入适量的冰糖调味即可。

适用人群：甘蔗含铁质，缺铁性贫血患者适合喝此汤。

注意事项：甘蔗以刀背拍开，这样可增加汤的甘甜度，甘蔗去皮或不去皮皆可。

黄芪糯米鲈鱼汤

补气健脾、利水安胎。

原材料 鲈鱼500克，黄芪10克，糯米50克

调味料 姜10克，盐、香油、味精各少许

做法

1. 将黄芪、姜洗净。
2. 将糯米洗净，用清水浸泡。
3. 将鲈鱼活宰，去鳞、鳃，去内脏，洗净。
4. 将糯米放入鲈鱼肚内，与黄芪、姜一起放入炖盅内，加沸水适量，加盖，放锅内隔水以小火炖2~3小时，加盐、味精、香油调味即成。

适用人群：此汤适宜因脾气不足而致眼睑水肿、面色萎黄、饮食减少或食后不消化、下肢水肿、胎动不安者食用。

注意事项：糯米不宜多食，否则会胀气。

白术陈皮鲈鱼汤

补气健脾、和中开胃。

原材料 鲈鱼500克，白术20克，陈皮10克

调味料 胡椒粉3克，盐适量

做法

1. 将鲈鱼去鳞，剖开后去肠杂，洗净，切块。
2. 将白术、陈皮洗净，与鲈鱼一起放入锅内，加清水适量，以大火煮沸后，转小火煲2小时，加盐调味即可。

适用人群：此汤适合病后失调、脾胃虚弱（症见饮食减少、体倦神疲、形体消瘦、口淡泛涎）或脾虚水肿患者食用。

注意事项：脾胃湿热者不宜食用本汤。

黄花菜炖墨鱼汤

清热解毒。

原材料 墨鱼250克，干黄花菜120克，陈皮、蜜枣各适量

调味料 姜片、盐各适量

做法

1. 将干黄花菜用清水泡发，洗净。
2. 将墨鱼用清水泡1小时，洗净。
3. 将陈皮用水浸软，刮去里面的白皮，洗净；将蜜枣洗净。
4. 将全部材料放入炖盅内，加适量清水，用盖盖好。
5. 将炖盅的一半沉入水里，用小火炖2小时，出锅，加盐调味即可。

适用人群：此汤适合燥热伤肺（症见干咳无痰、痰少难咯出、咽干鼻燥、心烦口渴、大便干结、舌干无苔）之人食用。

注意事项：墨鱼属发物，有慢性病，特别是皮肤易过敏者应慎食。

胡萝卜墨鱼煲排骨

健胃消食。

原材料 排骨150克，墨鱼（干）50克，胡萝卜50克，红枣50克

调味料 姜10克，盐、味精、胡椒粉各适量

做法

1. 将排骨洗净，斩成段，入沸水中氽去血水，捞出用清水洗净。
2. 将墨鱼泡发透，洗净，切片，入沸水中煮一会儿。
3. 将胡萝卜去皮，洗净，切块，入沸水中氽水。
4. 将红枣洗净；姜去皮洗净，切片。
5. 将全部原材料和姜片放入瓦煲内，注入清水、盐、味精、胡椒粉，加盖，先用中火煮沸，再用小火煲2小时即可食用。

适用人群：此汤特别适合女性食用。
注意事项：干墨鱼先要洗去沙、泡透，煲汤时中途不要掀盖，否则味不香。

海带萝卜汤

降血压、除烦躁、化痰清热、软坚化痰、健胃止咳、清热利尿。

原材料 泡发海带50克，白萝卜300克，海蜇皮50克

调味料 盐适量

做法

1. 将海带洗净，切段；将白萝卜去皮切块；将海蜇皮洗净，切丝。
2. 将以上材料放入炖盅，加适量清水，炖2小时至萝卜熟软，加盐调味即可。

适用人群：此汤适合高血压患者食用。
注意事项：吃海带后不要马上喝茶，也不要立刻吃酸涩的水果。因为海带含有丰富的铁，同食酸涩的水果会阻碍人体对铁的吸收。患有甲亢的患者不要吃海带，因海带中碘的含量较丰富，会加重病情。

黑豆鲤鱼汤

补肾利水。

原材料 黑豆30克，鲤鱼500克

调味料 姜5克，油，盐各适量

做法

1. 将黑豆洗净，浸泡3小时；将姜洗净切片；将鲤鱼去鳞、鳃及肠脏，洗净，起油锅略煎。
2. 把全部原材料与姜片一起放入锅内，加清水适量，以大火煮沸后，转小火煮至黑豆熟，加盐调味即可。

适用人群：此汤适合肾病水肿属肾虚之人食用。
注意事项：若肾虚寒者，黑豆可炒后再用。

莲藕鲤鱼汤

滋补气血、滋阴补肾。

原材料 莲藕500克，鲤鱼500克

调味料 姜7克，油、盐各适量

做法

1. 将莲藕洗净，去节，切段。
2. 将鲤鱼宰杀，去鳞、鳃及内脏，洗净，入油锅以小火煎至两边微黄。
3. 将原材料与姜一起放进瓦煲内，加入2 500毫升清水，以大火煲沸后改为小火煲约2小时，调入适量盐便可。

适用人群：此汤适合糖尿病患者或体虚之人食用。
注意事项：感冒者忌食用。

巴戟苁蓉鱼卵汤

补肾益精。

原材料 鲤鱼卵500克，肉苁蓉30克，干山药60克，巴戟天30克

调味料 姜10克，盐适量

做法

1. 将鲤鱼剖开，取出鱼卵，放入锅内，加清水适量，以小火煲10分钟。
2. 将肉苁蓉、巴戟天、山药洗净，与姜一起放入鱼卵汤内，加清水适量，以大火煮沸后，转小火煲2小时，加盐调味供用。

适用人群：此汤特别适合肾阳不足（症见阳痿早泄、精冷稀少，或腰膝冷痛、神疲乏力、大便秘结、小便频数）之人食用。

注意事项：阴亏火旺或痛风患者不宜食用本汤。

田七炖鱼尾

活血祛淤、养阴益精、滋润养颜。

原材料 鱼尾100克，田七5克，黄精10克

调味料 盐适量

做法

1. 先将鱼尾用清水洗净，切件。
2. 将田七用清水洗干净，打碎；将黄精洗净。
3. 将以上材料放入炖盅内，加入适量开水，盖上炖盅盖，放入锅内，用小火隔水炖4小时左右，以适量盐调味即可。

适用人群：此汤适合体质虚弱、真阴亏损或精神过劳的人士食用。

注意事项：脾胃虚寒者不宜饮用。

咸蛋节瓜鱼尾汤

清热解暑。

原材料 节瓜300克，熟咸蛋100克，草鱼尾300克

调味料 姜5克，盐适量，油5毫升，料酒3毫升

做法

1. 将节瓜刮皮洗净，切块；将鱼尾洗净后抹干水分，放少许盐腌15分钟。
2. 烧热锅，下油，放入姜及草鱼尾，煎至两面微黄，蘸料酒；将熟咸蛋洗净，剥去蛋壳盛碗中，将蛋黄、蛋白分开。
3. 将材料一起放入煲里（留咸蛋白备用），加水适量，以大火煮沸后，改用小火煲至节瓜熟，下咸蛋白，入盐调味拌匀。

适用人群： 此汤适合高热不退或干咳无痰之人食用。

注意事项： 感冒者忌食。

南瓜大蒜牛蛙汤

化痰排脓、清热解毒。

原材料 牛蛙250克，南瓜500克，大蒜60克

调味料 葱15克，盐适量

做法

1. 将牛蛙去内脏，剥皮，斩块；将大蒜去衣，洗净；将南瓜洗净，切块。
2. 把牛蛙、南瓜、大蒜放入开水锅内，以大火煮沸后，转小火煲半小时，下葱加盐调味即可。

适用人群： 此汤适合肺痈属痰浊壅肺者食用，肺脓肿、支气管扩张或肺气肿等患者亦可用本汤以食补。

注意事项： 脾胃虚寒者应慎食，经常性腹泻和尿频者不宜食用。

清炖生蚝

滋养肝肾、清热止渴。

原材料 生蚝500克

调味料 姜5克，盐适量

做法

1. 将生蚝洗净；将姜洗净，切片。
2. 以上材料一起放入炖盅内，加开水适量，炖盅加盖，以小火隔开水炖1~2小时后，加盐调味即可。

适用人群：此汤适合肝肾阴虚者（症见烦热，消渴引饮、眼目昏花、眩晕）和久热不退之人食用；亦适合视力不足的老人及糖尿病等属阴虚者食用。

注意事项：外感未愈、脾虚或便溏者不宜食用本汤。

油菜无花果河鱼干汤

清热除烦、解酒护肝。

原材料 油菜250克，干无花果50克，河鱼干100克，猪瘦肉100克，蜜枣15克

调味料 姜5克，盐5克

做法

1. 将油菜洗净；将无花果、蜜枣洗净；猪瘦肉洗净切片。
2. 将河鱼干用清水浸泡1小时，洗净。
3. 将1 200毫升清水放入瓦煲内，煮沸后放入以上材料，以大火煲沸后，改用小火煲2小时，加盐调味。

适用人群：此汤适宜因烟酒过多引起的咽喉疼痛、两肋胀痛不舒、大便不畅者或因烟酒过多引起痔疮发作者食用。

注意事项：本汤清凉，脾胃虚寒者慎用。

胡萝卜瘦肉黑鱼汤

清补益气、健脾化滞。

原材料 黑鱼500克，猪瘦肉100克，胡萝卜500克，红枣50克，陈皮1小片

调味料 油、盐各适量

做法

1. 胡萝卜去皮洗净，切厚片；红枣（去核）、陈皮洗净。
2. 猪瘦肉洗净，切块；生鱼去鳞、鳃、肠脏，洗净，抹干水，下油锅稍煎至微黄。
3. 把全部材料放开水锅内，大火煮沸后改小火煲2小时，加盐调味。

注意事项： 酒与胡萝卜不宜同食，同食会造成大量胡萝卜素与酒精一同进入人体，而在肝脏中产生毒素，导致肝病。

适用人群： 一般人都可食用，尤其适合脾胃气虚，病后、术后体弱、消化力弱、饮食欠佳之人食用。

西芹豆腐鱼尾汤

降低血脂、清咽利胆、祛风散热。

原材料 西芹250克，豆腐200克，鱼尾500克

调味料 姜2片，油、盐各适量

做法

1. 将西芹洗干净，切段。
2. 将豆腐冲净；将鱼尾去鳞洗干净。
3. 锅烧热，下油，放入鱼尾略煎，盛起；加水以大火煲开，下西芹、豆腐、鱼尾、姜片，煲沸后以小火煲90分钟，下盐调味即成。

适用人群： 适宜高血压或血管硬化者食用。

注意事项： 胃寒、易腹泻或腹胀者不宜多食。

第四章

一定要喝的老火靓汤

地处中国南方的广东，一年有3/4的时间处于炎热而潮湿的气候之中，出汗多是当地人的一种生理性现象。为了适应这种生活环境，广东人尤其喜欢在进餐时喝汤。广东老火靓汤即是将主要汤料下锅煮沸后再煲数小时的汤 。一般来说，煲的时间越长，汤的味道就越好。广东老火靓汤一可以生津止渴，二可以祛湿下火，三可以滋补强身，所以广东人“宁可食无菜，不可食无汤”。

鸡爪猪骨汤

补气补血、健身驻颜。

原材料 马蹄200克，猪骨250克，猪蹄500克，鸡爪200克，腐竹、芹菜各少许，冬瓜250克

调味料 盐3克，糖2克，白胡椒3克

做法

1. 先用马蹄、白胡椒、冬瓜熬汤；将猪骨、猪蹄、鸡爪洗净，汆水，腐竹泡发备用。
2. 将汤烧沸后放入鸡爪、猪骨及猪蹄，以小火煲2小时。
3. 再放入芹菜及腐竹，以小火煲半小时，最后放入糖及盐即可。

适用人群：此汤适宜气血不足或阴虚纳差者食用。

注意事项：煲此汤时火候要够，猪骨、猪蹄才会酥烂，汤底要花时间（约2小时）熬制才更美味。

黄豆猪骨汤

健脾养血、益阴除烦。

原材料 水发黄豆90克，蚝豉60克，猪脊骨250克

调味料 盐适量

做法

1. 将水发黄豆、蚝豉洗净;将猪脊骨洗净，斩件。
2. 把全部材料一起放入锅内，加适量清水，以大火煲沸后转小火煲2小时至猪骨熟，加盐调味即可。

适用人群：此汤适合阴虚烦热型甲状腺癌患者食用，症见口渴心烦、烦热失眠或胃纳不佳等。

注意事项：患严重消化性溃疡者不要食用此汤。

胡萝卜豆腐猪骨汤

清热降火、润肠通便。

原材料 胡萝卜400克，豆腐200克，猪骨400克，蜜枣15克

调味料 花生油10毫升，盐5克

做法

1. 将胡萝卜去皮，洗净，切块；将蜜枣洗净；将猪骨洗净，斩件，入沸水中汆去血水。
2. 将豆腐用盐水浸泡3小时，沥干水；烧锅下花生油，将豆腐两面煎至金黄色。
3. 将清水1 600毫升放入瓦煲内，煮沸后加入所有材料，用大火煲开后改用小火煲2小时，加盐调味即可。

适用人群：此汤适宜热病伤津者或火热内盛引起的大便秘结者食用。

注意事项：本汤性凉，脾胃虚弱者慎用。

胡椒猪肚汤

健脾胃、补虚损、通血脉、利水。

原材料 白胡椒15克，猪肚600克

调味料 盐适量

做法

1. 将猪肚反复用水冲洗干净，备用。
2. 把白胡椒研碎，放入猪肚内，猪肚内留少许水分。
3. 把猪肚头尾用线扎紧，以中火煲至猪肚酥软，加盐调味即可。

适用人群：此汤适合胃寒、心腹冷痛、因受寒而消化不良、吐清口水、胃虚性寒或十二指肠溃疡者食用。

注意事项：煲猪肚汤所需时间较长，因此建议使用焖烧锅，以节约煤气。

板栗鸡肉汤

益气养血、滋阴补肾。

原材料 鸡500克，板栗500克，干香菇30克

调味料 姜片5克，盐适量

做法

1. 将板栗用开水烫一下，稍凉后剥去果皮；将香菇用水浸软，去蒂洗净；将净鸡洗净，斩件。

2. 将鸡肉、板栗、姜片一起放入锅内，加清水适量，用大火煮沸后改用小火煲1小时，再加香菇煲20分钟，加盐调味即可。

适用人群： 此汤适宜脾胃虚弱、体虚者或患慢性支气管炎的老年人食用。

注意事项： 感冒发热者不宜食用。

丹参田七鸡汤

降血脂、益气。

原材料 丹参20克，田七15克，西洋参10克，鸡500克，猪瘦肉块100克

调味料 盐5克

做法

1. 将丹参洗净，浸泡2小时；将田七打碎，浸泡1小时。

2. 将鸡宰杀后去毛、内脏、鸡头、鸡翅、鸡爪、鸡皮等，洗净，斩件。

3. 将西洋参洗净；净猪瘦肉块汆水。

4. 将清水放入瓦煲内，煮沸后加入以上材料，以大火煲开后改用小火煲3小时，加盐调味即可。

适用人群： 此汤适宜动脉硬化、冠心病或血脂增高者食用。

注意事项： 由于鸡皮油腻，鸡头、鸡翅又有动风、生痰、助火的作用，故煲汤时一般不用。

黄芪海参汤

温中益气、补肾益精、养血润燥。

原材料 当归10克，黄芪15克，枸杞15克，干黄花菜10克，水发海参200克，鸡腿300克

调味料 盐2小匙

做法

1. 将当归、黄芪、枸杞洗净；将黄芪包好，加水煮沸，放入当归，熬煮汤汁备用。
2. 将黄花菜泡发洗净；将海参、鸡腿洗净，切块，分别用热水汆烫，捞起后沥干水分备用。
3. 将黄花菜、海参、鸡腿、枸杞一起放入锅中，加入药材汤汁、盐和适量水，用大火煮开后转小火煮熟后加盐调味即可。

适用人群： 此汤适合免疫力低下、体虚、尿频、性欲减退者或年老体弱者食用。

注意事项： 痛风病人不宜饮用此汤。

党参鸡翅汤

滋补强身、益气补脑、宁神健体。

原材料 党参10克，益智仁10克，五味子10克，枸杞15克，鸡翅200克，竹荪5克，鲜香菇20克

调味料 盐5克

做法

1. 将党参、益智仁、五味子、枸杞洗净，用棉布袋包起备用。
2. 将鸡翅洗净，剁小块，用热水汆烫，捞起后沥干水分。
3. 将竹荪用冷水泡软，挑除杂质，洗净后切小段；将鲜香菇洗净备用。
4. 将1 500毫升水和药材包放入瓦煲中，放入鸡翅、香菇，用大火炖煮至鸡翅熟烂，放入竹荪和盐，煮约3分钟，再挑除药材包即可。

适用人群： 全家人适宜。

注意事项： 痛风病人不宜饮用此汤。

生地母鸡汤

补虚劳羸瘦、养阴润肺、凉血。

原材料 母鸡1 500克，生地40克

调味料 葱、姜、盐各适量

做法

1. 将母鸡宰杀，去毛、内脏，洗净。
2. 将生地切片；将葱切段；将姜拍松。
3. 将生地、葱、姜、盐放入鸡腹内，缝好。
4. 锅洗净，把鸡胸脯朝上放入锅内，加清水适量，先用大火烧沸，再改用小火炖熬，慢慢炖至鸡酥烂即可。

适用人群：一般人都可以食用，对潮热盗汗、心烦消渴或体弱消瘦者尤为适宜。

注意事项：痛风患者不宜喝此汤。

党参田七鸡肉汤

补养心气、改善心肌缺血。

原材料 党参15克，田七10克，鸡肉100克

调味料 葱、姜、盐、料酒各适量

做法

1. 将田七研成细粉，备用；将鸡肉洗净，切块。
2. 将党参切片，用纱布袋装好后扎口。
3. 将鸡肉和党参放入锅内，加适量水，加葱、姜、料酒，用小火炖至肉烂，加盐，撒入田七粉，拌匀即成。

适用人群：一般人都可食用，特别适合气虚兼血淤的冠心病心绞痛者(症见胸痛、心悸气短、苔薄白、舌质紫、脉细)食用。

注意事项：孕妇不宜喝田七汤。

桑枝绿豆鸡肉汤

祛风湿、通经络、清热解毒。

原材料 桑枝10克，绿豆30克，鸡肉250克

调味料 姜片、盐、味精各适量

做法

1. 将鸡肉洗净，斩块；将桑枝、绿豆提前泡发、洗净。
2. 锅内烧水，待水开后放入鸡肉汆水，再捞出洗净。
3. 将桑枝、绿豆、鸡肉、姜片一起放入瓦煲内，以大火烧开后转小火煲2小时，加盐、味精调味即可。

适用人群：一般人都可食用，特别适合红斑狼疮患者食用。

注意事项：绿豆忌与狗肉同食，否则会中毒。

黑豆乌鸡汤

补血养颜、乌发、养心安神。

原材料 黑豆150克，何首乌100克，乌鸡500克，红枣50克

调味料 姜5克，盐适量

做法

1. 将乌鸡宰杀，去毛及内脏，洗净备用。
2. 将黑豆放入铁锅中干炒至豆衣裂开，再用清水洗净，晾干备用。
3. 将何首乌、红枣、姜分别洗净，红枣去核，姜刮皮切片，备用。
4. 将瓦煲内加清水适量，用大火烧沸，放入原材料和姜，改中火继续煲约3小时，加盐调味即可。

适用人群：此汤特别适合身体虚弱的女性食用。

注意事项：在放入原材料之前，须先将水烧沸。

木瓜煲乌鸡

补血养颜、益肾养阴。

原材料 木瓜200克，乌鸡500克，红枣15克

调味料 姜片5克，盐适量

做法

1. 将乌鸡汆水，洗净；将木瓜去皮、籽，切大块。
2. 将木瓜、乌鸡、红枣、姜片一起放入沸水中以大火煲5分钟，用汤勺撇去浮油及表面的浮沫，改小火煲40分钟，加盐调味即可。

适用人群： 此汤适合有产后亏虚、乳汁不足及因气血亏虚引起的月经不调、子宫虚寒、行经腹痛、崩漏带下等症状的女性食用。有虚损性疾病的老年人也可食用。

注意事项： 乌鸡虽是补益佳品，但多食易生痰助火、生热动风，故体肥、邪毒未清和患严重皮肤疾病者宜少食或忌食，严重外感疾患者也不宜食用。

木瓜煲老鸭

滋阴补血。

原材料 木瓜1 000克，光老鸭250克

调味料 姜5克，盐、生抽各适量

做法

1. 将木瓜洗净，去皮、籽，切片。
2. 将光老鸭洗净，去内脏和尾部，切块。
3. 将所有原材料与姜放进瓦煲内，加入清水3 000毫升，以大火煲沸后改小火煲2.5小时，调入适量盐和生抽便可。

适用人群： 此汤温凉滋补，适合火气旺盛者食用。因暑热而体力、精力消耗过大者及睡眠不足者也宜食用。

注意事项： 夏季伤风感冒者不宜喝此汤。

冬瓜荷叶老鸭汤

清润消暑、健脾开胃、滋养润颜。

原材料 冬瓜1 000克，干荷叶10克，陈皮10克，光老鸭250克

调味料 姜3片，盐适量

做法

1. 将陈皮、干荷叶洗净，备用。
2. 将冬瓜洗净，连皮切块。
3. 将光老鸭洗净，去尾部和内脏，与冬瓜、姜、荷叶、陈皮一起放进瓦煲内，加水3 000毫升，以大火煲沸后，改小火煲2小时，调入适量盐便可。

适用人群：老少皆宜。

注意事项：鸭肉为多脂肪食物，不宜多食。

薏米绿豆老鸭汤

清润消暑。

原材料 薏米40克，绿豆40克，光老鸭250克，陈皮20克

调味料 盐适量

做法

1. 将光老鸭去掉鸭尾，洗净，切块，入沸水中汆水。
2. 将陈皮用水浸软；将薏米、绿豆提前泡发，用水冲洗干净。
3. 在煲内加适量清水，煮沸后放入所有原材料，以大火煮20分钟。
4. 再改用小火熬煮2小时，下盐调味即可。

适用人群：此汤消暑清热、健脾益胃、美容养颜，可消除因湿热内蕴而生的面部暗疮。适合体质偏热的人食用。

注意事项：薏米会使身体冷虚，故虚寒体质者不适宜长期服用此汤，经期妇女也应该避免食用。暑热伤津、口渴、汗出者也不宜食用。

杜仲猪尾汤

补腰健肾、强健筋骨。

原材料 鳖甲25克，杜仲30克，猪尾600克

调味料 盐8克

做法

1. 将猪尾剁成段洗净，入沸水汆烫后捞出，再冲净一次。
2. 将鳖板、杜仲洗净。
3. 将所有原材料放入锅中，加1 500毫升水，以大火煮开后转小火炖40分钟，加盐调味即成。

适用人群：一般人都可以食用。
注意事项：肥胖者少食。

莲子山药鹌鹑汤

健脾开胃。

原材料 莲子50克，干山药50克，鹌鹑300克，猪瘦肉150克

调味料 盐5克

做法

1. 将莲子去心，洗净，浸泡1小时。
2. 将山药洗净，浸泡1小时；将鹌鹑去毛、内脏，洗净，汆水。
3. 将猪瘦肉洗净，汆水。
4. 将清水2 000毫升放入瓦煲内，煮沸后加入以上原材料，以大火煲开后改用小火煲3小时，加盐调味即可。

适用人群：脾胃虚弱、胃口欠佳或消化不良者适宜食用。
注意事项：此汤要等水煮沸后再下料。

麦芽灯芯草鲜胗汤

清心火、开胃消滞。

原材料 麦芽50克，灯芯草5克，鸡胗200克，鸭胗50克，蜜枣20克

调味料 盐5克，花生油、生粉各适量

做法

1. 将麦芽、灯芯草洗净，浸泡1小时；将蜜枣洗净。
2. 将鸡胗、鸭胗用少许花生油、生粉搓擦，以去除异味，洗净，汆水。
3. 将清水2 000毫升放入瓦煲内，煮沸后加入以上材料，以大火煲沸后，改用小火煲3小时，加盐调味。

适用人群： 此汤适用于小儿病后因心火较盛引起的烦躁不宁、夜睡辗转不安或睡时磨牙者食用。

注意事项： 蜜枣甘甜清润，可据个人口味增减。

木瓜鲈鱼汤

润肺化痰、健胃消食。

原材料 木瓜450克，鲈鱼500克

调味料 姜5克，花生油5毫升，盐5克

做法

1. 将木瓜去皮、籽，洗净，切成块状；烧热油锅放姜片，将木瓜片爆炒5分钟。
2. 将鲈鱼去鳞、鳃、内脏，洗净；烧热锅下花生油、姜片，将鲈鱼两面煎至金黄色。
3. 将清水1 800毫升放入瓦煲内，煮沸后加入木瓜和鲈鱼，以大火煲开后改用小火煲2小时，加盐调味即可。

适用人群： 此汤适宜肺热咳嗽有痰兼有食滞者食用。

注意事项： 本汤较为寒凉，肺虚寒咳者慎用。

木瓜排骨汤

润肤美颜、抗衰老、丰胸美乳。

原材料 青木瓜600克，排骨600克，红枣45克

调味料 盐适量

做法

1. 将排骨放入沸水中汆烫，捞起后洗净，沥干；将青木瓜削皮去籽，洗净，切块。
2. 将排骨、红枣入煲中加1 500毫升水，以大火煮沸，转小火继续炖20分钟。
3. 加木瓜继续炖10分钟，加盐调味即可。

适用人群：一般人皆宜，特别适合发育期的少女及产后哺乳者食用。

注意事项：木瓜不要过早放入，炖的时间不宜太长，以10分钟为佳。

黄豆排骨汤

除湿热、祛湿气。

原材料 黄豆100克，排骨250克

调味料 盐适量

做法

1. 将黄豆浸泡15分钟后洗净；将排骨洗净后用少许盐腌渍半小时，然后斩件。
2. 将排骨放入煲中，加入黄豆、适量水，用小火煲约2小时，等黄豆熟后加盐调味即可。

适用人群：一般人都可食用，尤其适合胃肠燥结者食用。

注意事项：黄豆含丰富蛋白质、脂肪、维生素B_1等，少食、常食有益，多食则令人肥健。

黄瓜蜜枣排骨汤

清热消暑、生津解渴、祛湿解毒。

原材料 黄瓜约600克，蜜枣2克，陈皮5克，排骨600克

调味料 姜5克，盐、油各适量

做法

1. 将黄瓜洗净，去瓤，连皮切厚块。
2. 将蜜枣、陈皮浸泡；将排骨洗净、斩件、过热水汆烫。
3. 将所有原材料与姜放进瓦煲内，加入清水3 000毫升，以大火煲沸后改小火煲2小时，调入适量盐、油便可。

适用人群： 此汤适合皮肤瘙痒或高血压患者饮用。
注意事项： 调味时添加油要适量，否则汤会很油腻。

花生木瓜排骨汤

养颜补血、滋阴润燥。

原材料 木瓜150克，花生仁80克，排骨150克

调味料 盐适量

做法

1. 将木瓜去皮、籽，洗净，切粗块；将花生仁洗净。
2. 将排骨洗净斩好，用盐搓一遍，然后放入锅中，再放入木瓜块、花生仁，加1 500毫升水，用中火慢慢煲。
3. 煲至花生熟透时，加少许盐调味即可。

注意事项： 人体对花生中营养成分的消化吸收率较低，过量食用会加重胃肠负担。此汤不须加鸡精调味（排骨汤加鸡精反而会走味）。
适用人群： 老少皆宜，特别适合胆固醇偏高者食用。

生地莲藕排骨汤

养血、健脾开胃、润肤美白。

原材料 莲藕150克，排骨200克，生地5克，红枣35克

调味料 料酒5毫升，盐适量

做法

1. 将莲藕洗净，切厚片；将排骨洗净，斩成小块，用开水汆烫后洗净；将生地与红枣分别洗净。
2. 砂锅置火上，倒入适量清水，把排骨放入锅中，以大火烧开后转小火煮10分钟。
3. 将藕片、生地、红枣放入锅中，加料酒后继续用小火煮约1小时，加盐调味即可。

适用人群： 莲藕含铁量较高，故此汤对缺铁性贫血之人颇为适宜。

注意事项： 生地性寒，脾虚腹满或便溏者忌食。

枸杞菊花煲排骨

清热解毒、明目、养颜、祛痘。

原材料 排骨500克，枸杞10克，干菊花5克

调味料 姜5克，盐适量

做法

1. 将洗净的排骨斩成约3厘米的块备用。
2. 将枸杞、菊花用冷水洗净。
3. 在瓦煲内放约2 000毫升水烧开，加入排骨、姜及枸杞，用大火煮开后改用中火煮约30分钟，在汤快煲好前放入菊花，加适量盐调味即可。

适用人群： 一般人都可食用，尤其适合皮肤黯淡、斑点多或从事电脑工作的人食用。

注意事项： 因为菊花带苦味，给小孩吃时可少放一点儿。

腐竹白果排骨汤

滋热润肺、益精补血。

原材料 白果50克，排骨500克，干腐竹50克，鸡蛋1个

调味料 姜5片，葱5克，盐、味精各适量，生粉10克

做法

1. 将排骨洗净斩块，下少许盐、味精、生粉、鸡蛋腌渍好；将白果、腐竹洗净浸透；将葱切葱花。
2. 锅内加适量水烧开，放入排骨氽烫，捞起待用。
3. 将白果、排骨、腐竹、姜片放入瓦煲内，加适量清水煲2小时，调入盐、味精，撒入葱花即成。

适用人群：男女老少皆宜，尤其适合感冒咳嗽者。

注意事项：腌渍排骨时加入鸡蛋，可令汤味更鲜美。

板栗香菇鸡爪猪骨汤

健胃养脾、补髓益精、补肾壮阳。

原材料 板栗80克，干香菇50克，鸡爪200克，猪骨300克，红枣15克

调味料 姜5克，盐少许

做法

1. 将板栗、香菇、红枣洗净，稍浸泡，板栗去皮，香菇去蒂，红枣去核。
2. 将鸡爪洗净，去趾甲，并用刀背将其敲裂；将猪骨洗净，斩件。
3. 将所有原材料与姜放进瓦煲内，加入清水2 500毫升。
4. 用大火煲沸后改为小火煲2小时，调入适量盐即可。

适用人群：适宜消化不良、腿脚无力者食用。

注意事项：煲此汤用的红枣一定要去核，否则汤性会燥热。

双瓜脊骨汤

清暑热、利暑湿。

原材料 西瓜500克，冬瓜500克，猪脊骨600克

调味料 盐5克

做法

1. 将冬瓜、西瓜洗净，切成大块状。
2. 猪脊骨斩件，洗净，汆水。
3. 将清水2 000毫升放入瓦煲内，煮沸后加入原材料，以大火煲沸后改用小火煲3小时，加盐调味即可。

适用人群： 此汤适宜夏季热病、烦渴思饮、汗多尿少、茶饭不思、胸闷胀满者食用。

注意事项： 本汤性寒，脾胃虚寒者慎用。

凉薯花生脊骨汤

清热消暑。

原材料 凉薯500克，花生仁50克，墨鱼干30克，猪脊骨500克，蜜枣15克

调味料 盐5克

做法

1. 将凉薯去皮，洗净，切成块状。
2. 将花生仁、墨鱼干洗净；将蜜枣洗净；将猪脊骨斩件，洗净，飞水。
3. 将清水2 000毫升放入瓦煲内，煮沸后加入原材料，用大火煲沸后改用小火煲3小时，加盐调味即可。

适用人群： 食欲不振者可食用。

注意事项： 煲汤中途不要揭盖，否则汤味不香。糖尿病患者饮用此汤可去蜜枣后再煲。

白果脊骨汤

健脾利湿、化痰。

原材料 桑白皮20克，茯苓40克，白果20克，猪脊骨600克

调味料 盐5克

做法

1. 将桑白皮、茯苓洗净，浸泡1小时。
2. 将白果去壳、去衣及心；将猪脊骨斩件，洗净，汆水。
3. 将清水2 000毫升放入瓦煲内，煮沸后加入原材料，以大火煲沸后改用小火煲3小时，加盐调味即可。

适用人群：此汤适宜上呼吸道感染后期，或肺气肿、支气管炎、肺炎后期等症患者饮用。

注意事项：此汤一定要煲至脊骨熟烂。

番茄土豆脊骨汤

健脾开胃、助消化。

原材料 番茄250克，土豆300克，猪脊骨600克，蜜枣15克

调味料 盐5克

做法

1. 将番茄洗净，切去蒂部，一个切成4块。
2. 将土豆去皮，切成块状；将蜜枣洗净。
3. 将猪脊骨洗净，斩件，汆水。
4. 将清水2 000毫升放入瓦煲内，煮沸后加入以上原材料，以大火煲沸后改用小火煲3小时，加盐调味即可。

适用人群：此汤适宜胃口欠佳或胃胀疼痛之人食用。

注意事项：发芽或皮色转绿的土豆中，龙葵碱含量高，食用后容易引起中毒，因而禁止食用。

黄精山楂脊骨汤

降糖消肿。

原材料 黄精50克，干山楂20克，猪脊骨500克

调味料 盐5克

做法

1. 将黄精、山楂洗净，浸泡1小时。
2. 将猪脊骨斩件，洗净，汆水。
3. 将清水2 000毫升放入瓦煲内，煮沸后加入以上原材料，以大火煲开后改用小火煲3小时，加盐调味即可。

适用人群： 此汤适宜糖尿病、动脉硬化、冠心病、高脂血症患者食用。

注意事项： 脾胃虚寒者不宜饮用本汤。

芦笋排骨汤

消炎解毒、通血脉、消食胀。

原材料 芦笋20克，猪排骨100克

调味料 盐少许

做法

1. 将猪排骨洗净，剁成适当大小，飞水后再放入开水中煮熟。
2. 将芦笋洗净，切成块备用。
3. 将切好的芦笋放入排骨汤中煮熟，再加入适量的盐调味即可。

适用人群： 老少皆宜，特别适宜水肿、急性肾炎、喘咳、糖尿病患者食用。

注意事项： 有尿路结石和肾结石的人不宜多饮用此汤。脾胃虚弱者或产妇不适合吃芦笋。

黑豆排骨汤

祛风除热、调中下气、利尿明目。

原材料 黑豆10克，猪排骨100克

调味料 葱花少许，姜丝少许，盐适量

做法

1. 将所有材料洗净，黑豆提前泡发，排骨热水汆烫捞出备用。
2. 将适量水放入锅中，开中火，待水开后放入黑豆、猪排骨、姜丝熬煮。
3. 待食材煮软至熟后，加入盐调味并撒上葱花即可。

适用人群：老少皆宜。
注意事项：黑豆最好提前用清水泡一夜。

扁豆排骨汤

清热利咽、祛湿利尿。

原材料 扁豆30克，麦冬20克，排骨600克，蜜枣15克

调味料 盐5克

做法

1. 将扁豆去筋洗净；将麦冬、蜜枣洗净。
2. 将排骨洗净，斩件，汆水。
3. 将清水2 000毫升放入瓦煲内，煮沸后加入以上原材料，以大火煲沸后改用小火煲3小时，加盐调味即可。

适用人群：本汤对因频繁熬夜、烟酒过多而咽痛口干或心烦尿少者尤为适宜。
注意事项：本汤寒凉，胃寒者慎用。

茅根猪肚汤

清热去湿、利水消肿。

原材料 猪肚500克，干白茅根50克，玉米须50克，红枣适量

调味料 油、盐、生粉各适量

做法

1. 将猪肚去掉肥油脂后切开，用盐、油、生粉揉搓，再用水冲洗干净，放进开水锅中煮片刻，取出后用冷开水过一下。
2. 将白茅根、玉米须、红枣洗净。
3. 将所有材料一起放进开水锅内，用大火煮沸后改用小火煮2~3个小时，加盐调味即可。

适用人群： 此汤适合肺热喘急或小便不利的人食用。

注意事项： 脾胃虚寒或便多不渴者忌食。

无花果花生猪肚汤

健脾胃、祛燥利咽、滋阴补益。

原材料 干无花果60克，花生50克，猪肚600克

调味料 姜5克，油、盐、生粉各适量

做法

1. 将无花果洗净浸泡；将花生去壳浸泡。
2. 将猪肚剔去脏杂，冲净，用生粉反复搓洗，再用清水洗净，切成条状。
3. 将猪肚与姜一起放进瓦煲内，加入清水2 500毫升，以大火煲沸后放入花生、无花果，改小火煲2小时，调入适量盐和油即可。

适用人群： 男女老少皆宜，尤其适合消化不良或燥热之人食用。

注意事项： 此汤要注意火候，须先用大火煲沸后才能改为小火。

黑木耳海参猪肠汤

滋阴养血、润燥滑肠。

原材料 猪肠500克，水发黑木耳30克，干海参25克

调味料 盐适量

做法

1. 将水发黑木耳洗净备用。
2. 将海参泡水1小时，洗净，切丝；将猪肠洗净，切小段。
3. 把全部原材料放入锅内，加清水适量，以大火煮沸后，转小火煲1~2小时，加盐调味即可。

适用人群： 一般人都可食用，对虚火燥结者尤为适宜。

注意事项： 海参性滑利，脾胃虚弱、痰多或便稀薄者勿食。海参不宜与甘草同服。

山楂麦芽猪胰汤

开胃消滞。

原材料 干山楂20克，麦芽30克，猪胰250克，猪瘦肉250克，蜜枣25克

调味料 盐5克

做法

1. 将山楂、麦芽洗净，浸泡1小时；将猪胰洗净，切块，汆水。
2. 将猪瘦肉切块洗净，蜜枣洗净。
3. 将清水1 800毫升放入瓦煲内，煮沸后加入以上原材料，用大火煲沸后改用小火煲2小时，加盐调味即可。

适用人群： 此汤适宜消化不良、胃口欠佳者食用。

注意事项： 由于山楂有活血化淤之效，孕妇慎用。

玉米哈密瓜猪胰汤

益肺补脾、润燥。

原材料 玉米200克，猪胰500克，哈密瓜1 000克

调味料 姜5克，盐适量

做法

1. 将玉米撕去外衣，洗干净，切成大段；将哈密瓜去籽，带皮冲净，切大件。
2. 将猪胰去肥脂，放入加有少许姜片的沸水氽水，洗净，切件。
3. 将哈密瓜、玉米、猪胰及剩余的姜一同放入汤煲中，并放入适量清水，煮至开后改用中小火，煲至所有材料熟透，加适量盐调味即可。

适用人群：男女老少皆宜。
注意事项：猪胰在煲汤前先用加有姜片的沸水氽水，以除去腥味。

银耳香菇猪胰汤

滋阴生津、润肺止咳。

原材料 猪胰300克，猪瘦肉100克，干银耳30克，干香菇30克

调味料 花生油、盐各适量

做法

1. 将银耳用清水浸开，洗净，摘小朵；将干香菇用清水泡开，洗净，去蒂；将猪胰、猪瘦肉洗净，切片，用花生油、盐稍腌。
2. 把银耳、香菇放入锅内，加清水适量，以大火煮沸10~15分钟后，放入猪胰、瘦猪肉，以小火煲至肉熟，加盐调味即可。

适用人群：此汤适合肺肾阴亏、虚火内生之人食用。
注意事项：痰湿内盛、寒痰咳嗽者不宜食用本汤。

槐花猪肠汤

益阴润燥、清肠解毒。

原材料 猪肠500克，猪瘦肉250克，干槐花90克，蜜枣10克

调味料 盐适量

做法

1. 将猪肠洗净；将干槐花洗净，装进大肠内，扎紧大肠两头；将猪瘦肉洗净，切块。
2. 把装有槐花的猪肠与猪瘦肉、蜜枣一起放入锅内，加适量清水，以大火煮沸后改小火煲2~3小时，加盐调味即可。

适用人群：此汤适宜大肠燥热、痔疮出血、大便干结难解、便秘或皮肤瘙痒者食用。

注意事项：虚寒性便秘或下血者均不宜食用本汤。

银耳海参猪肠汤

滋阴养血、润燥滑肠。

原材料 猪肠500克，干银耳30克，干海参250克

调味料 盐适量

做法

1. 将银耳用清水浸开，洗净；将海参泡开洗净，切丝；将猪肠洗净，切小段。
2. 把全部材料放入锅内，加清水，以大火煮沸后改小火煲1~2小时，加盐调味即可。

适用人群：此汤适宜肾水不足的老年人或产后大便燥结、习惯性便秘的妇女食用。

注意事项：感冒发热、湿盛或便溏者不宜食用本汤。

参芪猪肚汤

补气血、益脾胃、强筋骨。

原材料 党参、黄芪、白术、白芍、茯苓各10克，熟地、当归各15克，川芎、炙甘草各6克，猪肚、墨鱼各50克，猪肉500克

调味料 姜30克，葱、料酒、胡椒、盐、味精各适量

做法

1. 将所有中药材洗净，装入洁净的纱布袋内，扎紧袋口备用。
2. 将猪肉、墨鱼切块；将猪肚洗净切段；将姜洗净，拍破备用；将葱洗净，切段。
3. 将猪肉、墨鱼、猪肚、药袋放入砂锅内，加适量水，放入姜、葱段、胡椒、料酒，置大火上烧沸后用小火煨炖，捞出纱布袋调味即可。

适用人群： 适宜气血俱虚、久病体虚、面色萎黄、精神倦怠、腰膝乏力者饮用。

山药麦芽牛肚汤

健脾开胃、消食。

原材料 干山药30克，麦芽30克，马蹄60克，牛肚600克，蜜枣15克

调味料 盐5克，花生油、生粉各少许

做法

1. 将山药、麦芽洗净，浸泡1小时；将马蹄洗净；将蜜枣洗净。
2. 将牛肚用开水稍烫，撕去胃内薄黏膜，用花生油、生粉反复搓擦，洗净后汆水。
3. 在瓦煲内加水，煮沸后加入以上材料，煲沸后再转小火煲3小时，加盐调味即可。

适用人群： 此汤适宜脾胃虚弱或患消化系统疾病后胃肠功能较差者食用。

注意事项： 马蹄性寒，既可防止牛肚之温燥，又可去除牛肚之臊味，所以煲此汤一定要加马蹄。

海带鳖甲猪肉汤

软坚散结、滋阴补气

原材料 水发海带120克，鳖甲60克，猪瘦肉200克

调味料 葱、姜、胡椒粉、盐、味精各适量

做法

1. 把鳖甲尽量掰成小碎块备用；将猪瘦肉切成小块，放进沸水中汆一下。
2. 将水发海带清洗干净，姜切成片，葱切成段，备用。
3. 将所有原材料和姜片、葱段倒入盛有热水的砂锅中，用大火煮沸后改小火，再煮1个半小时，加入胡椒粉、盐、味精，搅拌均匀即可。

适用人群： 此汤品很适合高血压或肥胖者食用。
注意事项： 猪肉在汆水时加点料酒可更好地除去腥味。
功能效用： 此汤可降血压、利尿消肿、防癌抗癌。

海带瘦肉汤

清热散结。

原材料 水发海带30克，猪瘦肉30克，蜜枣15克

调味料 盐5克

做法

1. 将水发海带去除杂质，洗净。
2. 将猪瘦肉洗净，汆水；将蜜枣洗净。
3. 将清水1 800毫升放入瓦煲内，煮沸后加入以上材料，以大火煲滚后，改用小火煲2小时，加盐调味即可。

适用人群： 此汤含碘丰富，对因缺碘而导致甲状腺肿大者最为适宜。
注意事项： 本汤寒凉，且含碘量高，胃寒、脾虚或非缺碘型甲状腺肿大者慎用。

苦瓜酸菜瘦肉汤

清热生津、降糖减肥。

原材料 猪瘦肉60克，苦瓜150克，咸酸菜梗60克

调味料 盐适量

做法

1. 将苦瓜洗净，去瓤，切成块；将咸酸菜梗洗净，切丝；将猪瘦肉洗净，切成小块。

2. 将苦瓜、瘦肉放进锅内，加适量清水，以大火煮沸后转小火煲1小时，加咸酸菜梗，再煲20分钟，加适量盐即可。

适用人群： 此汤适合心烦易怒、失眠心悸、口渴咽干或头痛目赤之人食用。

注意事项： 胃寒者不宜食用本汤。

冬瓜皮青豆瘦肉汤

补肾健脾、利湿退肿。

原材料 猪瘦肉100克，冬瓜皮60克，青豆60克

调味料 盐适量

做法

1. 将冬瓜皮、青豆洗净；将猪瘦肉洗净，切块。

2. 将全部原材料一起放入瓦煲内，加适量清水，以大火煮沸后改小火煮至青豆熟，加盐调味即可。

适用人群： 此汤适合属水湿内停的肾病水肿者（症见水肿，按之凹陷，面色萎白，疲倦食少，小便不利，大便溏泄）食用。

注意事项： 鲜品冬瓜皮的利湿效果更佳，用量宜加倍。对青豆过敏者不宜饮用本汤。

无花果苹果猪腿肉汤

清肠润肤、美白祛斑。

原材料 干无花果30克，苹果100克，猪腿肉650克

调味料 姜5克，盐适量

做法

1. 将无花果洗净，稍浸泡。
2. 将苹果切块，去核留皮。
3. 将猪腿肉洗净，整块不用切。
4. 将姜放进瓦煲内，加入沸水2 500毫升，以大火煲沸后加入所有材料煲沸，改为小火煲约2小时，调入适量盐便可。

适用人群： 老少皆宜。

注意事项： 煲此汤用猪前腿肉为好。

伸筋草猪蹄浓汤

舒筋活络、滋阴补血。

原材料 猪蹄250克，伸筋草10克

调味料 姜片、盐、鸡精、胡椒粉各适量

做法

1. 将伸筋草洗净；将猪蹄去毛，洗净斩件。
2. 锅内烧水，水开后放入猪蹄汆去表面血迹，再捞出洗净。
3. 煲内加入适量清水，再将全部材料和姜片放入煲内，以小火煲4小时，加盐、鸡精、胡椒粉调味即可。

适用人群： 特别适合筋骨受伤后关节不能屈伸者食用。

注意事项： 煲此汤最好选购没有抽去猪筋的猪蹄。

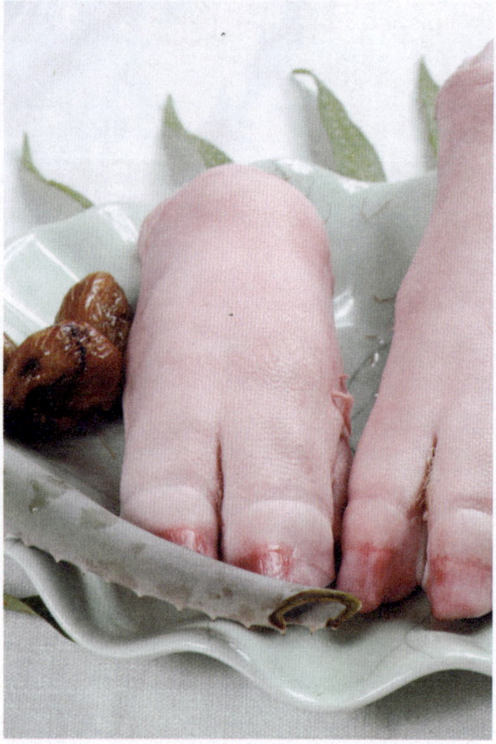

芦荟猪蹄汤

清热、润肠通便。

原材料 芦荟300克，猪蹄600克，蜜枣15克

调味料 盐3克

做法

1. 将芦荟去皮，洗净，切段；将蜜枣洗净。
2. 将猪蹄斩件，洗净，汆水；锅置火上烧热，将猪蹄干爆5分钟。
3. 将清水2 000毫升放入瓦煲内，煮沸后放入以上材料，以大火煲沸后改用小火煲3小时，加盐调味即可。

适用人群：此汤适宜肠热引起的大便不畅或大便秘结者食用。

注意事项：本汤寒凉，下气滑腻、肠胃虚弱或气虚便秘者慎用此汤。

萝卜干蜜枣猪蹄汤

清肠润燥、通便。

原材料 萝卜干30克，猪蹄600克，蜜枣15克

调味料 盐5克

做法

1. 将萝卜干浸泡1小时，洗净；将蜜枣洗净。
2. 将猪蹄斩件，洗净，汆水；烧热锅，将猪蹄干爆5分钟。
3. 将清水2 000毫升放入瓦煲内，煮沸后加入以上材料，以大火煲开后改用小火煲3小时，加盐调味即可。

适用人群：此汤适宜肺燥或热病后口干、咳嗽、大便秘结者食用。

注意事项：本汤寒凉滑腻，胃寒或脾虚泄泻者慎用。

当归羊肉汤

补虚温中、活血祛寒。

原材料 羊肉200克，当归20克

调味料 姜50克，葱白段10克，油20毫升，盐、味精各适量

做法

1. 将羊肉洗净，切片；将姜洗净，切片待用；将当归洗净。
2. 炒锅上火，下油，油热后加入羊肉，翻炒几下，加水、姜片、葱白段、当归，以大火烧开，改用小火炖半小时后，加入盐、味精调味即可。

适用人群： 此汤适宜风寒感冒者食用。
注意事项： 喝羊肉汤的时候最好不要加醋，因为羊肉性热，具有益气补虚的作用，而醋中含蛋白质、醋酸及多种有机酸，性温，与热性的羊肉不搭配。

党参羊肚汤

温中补虚、益气强身、养心安神。

原材料 羊肚1 000克，党参30克，陈皮6克

调味料 胡椒15克，姜5克，盐适量

做法

1. 将羊肚先用盐擦洗，再用清水冲洗干净，反复数次，至干净无黏液为止，并用沸水煮过，刮去黑膜。
2. 将党参、陈皮、胡椒、姜洗净，与羊肚一起放入锅内，加适量开水，以大火煮沸后改小火煲3小时，加盐调味即可。

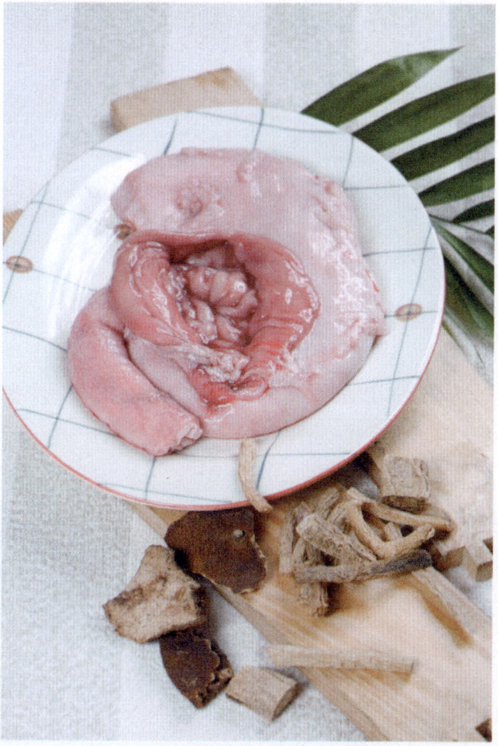

适用人群： 本汤适宜脾胃虚寒、胃脘胀痛、恶心欲吐，或食入不化、大便溏薄、肢寒怕冷等症者食用；亦用于慢性胃炎、慢性肠炎等属脾胃虚寒者。
注意事项： 痛风患者不宜食用。

羊肉清汤

御寒、补元气、治虚气。

原材料 羊肉600克，竹笋3根

调味料 葱20克，姜5克，料酒5毫升，盐适量

做法

1. 将羊肉洗净，切块；将竹笋去衣，取笋肉切角块；将葱洗净，打结；将姜拍裂。
2. 将羊肉入沸水汆过，捞出沥干。
3. 将水烧开，下原材料及料酒，加盖，以大火煲约15分钟，改中火煲约30分钟，再用小火煲至羊肉和竹笋均酥软，加盐调味即可。

适用人群： 适宜肾阳虚所致心悸、畏寒、手足不温、腰膝酸软或关节冷痛之人食用。

注意事项： 若嫌羊肉膻味太大，可将白萝卜切开，与整块羊肉共煮15分钟，即可除去膻味。

冬瓜海带排骨汤

降低胆固醇、防止动脉硬化、预防心脑血管疾病、增强免疫力。

原材料 冬瓜200克，水发海带100克，猪排骨400克

调味料 姜片、葱段、料酒、盐各适量

做法

1. 将排骨汆水；将水发海带洗净；将冬瓜去皮，切块。
2. 锅内放入足够的水，放入洗净的排骨、姜片、葱段、料酒，用大火烧开后改用小火煲1小时。
3. 放入冬瓜和少许盐，续煲30分钟后放入海带，20分钟后放盐调味即可。

适用人群： 一般人都宜食用。

注意事项： 脾胃虚寒者不宜食用。

巴戟枸杞羊肉汤

补益肝肾、益精助阳。

原材料 羊肉750克，巴戟天30克，枸杞30克

调味料 姜5克，大蒜30克，盐适量

做法

1. 将羊肉洗净，切块，用开水氽去膻味。
2. 将巴戟天、枸杞洗净，与羊肉、姜、大蒜一起放入锅内，加适量清水，以大火煮沸后改小火煲3小时，加盐调味即可。

适用人群： 此汤适合腰酸脚软、头晕眼花、夜尿频多或年老体弱便秘之人食用。

注意事项： 感冒发热、阴虚火旺或湿热内阻者不宜食用本汤。

萝卜羊肚汤

健脾和胃、补中益气。

原材料 白萝卜200克，羊肚500克

调味料 姜10克，盐适量

做法

1. 将羊肚洗净，斩件，放入沸水中煮5分钟左右，取出，洗干净。
2. 将白萝卜去皮，洗干净，切厚片；将姜用清水洗干净，刮去姜皮，切片。
3. 在煲内加入适量清水，先用大火煲至水开，然后放姜、白萝卜和羊肚，待水再沸时，改用中火继续煲至羊肚熟，加少许盐调味即可。

适用人群： 此汤补而不燥，尤其适合身体虚不受补之人日常补身之用。

注意事项： 由于萝卜性寒，经期妇女少食。

山药枸杞牛肉汤

健脾开胃、补血强身。

原材料 牛腱肉500克，干山药10克，枸杞10克，桂圆肉40克，芡实20克

调味料 姜片5克，盐适量

做法

1. 以大火烧沸清水，下姜片、洗净的牛肉块，待水沸后改小火煲1小时。
2. 放入其他材料，用大火烧沸后改小火煲至牛肉和其他材料均熟透，最后以盐调味即可。

注意事项： 患有疮毒、湿疹或瘙痒症等皮肤病者应忌食；患有肝炎或肾炎者应慎食，以免病情加重或复发。

适用人群： 此汤适宜中气下陷、气短体虚、盘骨酸软、贫血久病及面黄目眩之人食用。

花生牛肉汤

补血养颜、强健身体。

原材料 牛腱肉600克，花生仁160克，陈皮15克，红枣55克

调味料 姜片5克，盐适量

做法

1. 将陈皮浸软，刮去内层；将红枣去核洗净。
2. 把红枣、花生仁、陈皮、姜片与适量清水同放瓦煲内烧沸，下牛肉块，烧开后改小火煲3小时，至牛肉熟软时，以盐调味即可。

适用人群： 此汤很适宜患肥胖症、高血压、冠心病或血管硬化者食用。

注意事项： 患有疮毒、湿疹或瘙痒症等皮肤病者应禁食牛腱肉；患有肝炎或肾炎者应慎食，以免病情加重或复发。

萝卜牛肚汤

润肺化痰、降气止咳。

原材料 牛肚500克，白萝卜1 000克，陈皮30克

调味料 盐适量

做法

1. 将白萝卜洗净，切滚刀块；将陈皮用水浸软，去白；将牛肚洗净，切件。
2. 将牛肚、萝卜、陈皮放入锅内，加清水适量，以大火煮沸后转小火煲至萝卜熟，加盐调味即可。

适用人群：适合肺燥、咳嗽有痰或虚火内生之人食用。

注意事项：胃腑偏寒而又患肺燥咳嗽者，可加适量胡椒粉调和食用。

巴戟杜仲牛鞭汤

补肾壮阳、强壮腰膝。

原材料 牛鞭300克，巴戟天60克，杜仲30克，红枣25克

调味料 姜片5克，盐适量

做法

1. 取鲜牛鞭洗净，切去肥油，用开水除去膻味，然后入清水中漂净，切块。
2. 将巴戟天、杜仲、姜片、红枣（去核）洗净，与牛鞭一起放入锅内，加清水适量，以大火煮沸后，转小火煲3小时，加盐调味即可。

适用人群：此汤适合肾气不足或风湿腰痛之人食用。

注意事项：阴虚火旺或高血压属实热证者不宜用本汤。

冬瓜兔肉汤

清热利水、消脂降压。

原材料 冬瓜600克，薏米30克，兔肉500克

调味料 盐3克

做法

1. 将冬瓜洗净，切成块状。
2. 将薏米提前浸泡洗净；将兔肉洗净，切块。
3. 将清水1 600毫升放入瓦煲内，煮沸后加入以上材料，以大火煲开后改用小火煲2小时，加盐调味即可。

适用人群：此汤适宜肥胖症、高脂血症、高血压、糖尿病、肢体困重、腹胀满或尿少者食用。

注意事项：本汤寒凉且薏米有滑胎作用，故孕妇及脾胃虚寒者慎用。

木耳腐竹兔肉汤

健脾、养血、凉血。

原材料 干黑木耳10克，腐竹120克，枸杞10克，兔肉250克

调味料 姜片5克，盐适量

做法

1. 将腐竹、黑木耳分别用清水泡发浸软、洗净，木耳撕成小朵、腐竹切段；将姜片、枸杞洗净；将兔肉洗净，切块。
2. 起油锅，下姜片，爆香兔肉，加清水适量，下黑木耳、腐竹、枸杞，用小火炖熟，加盐调味即可。

适用人群：此汤适宜因气血虚弱所致气短懒言或脸色无华之人食用。

注意事项：感冒发热者不宜用本汤。

冬瓜海米汤

消暑解腻、调理肠胃、排毒养颜。

原材料 冬瓜250克，海米15克

调味料 熟猪油、盐、味精各适量，葱花2克

做法

1. 将冬瓜去皮、去瓤，洗净，切成长4厘米、厚2厘米的片；将海米用温水浸泡后洗去泥沙待用。
2. 将锅放在大火上，加入高汤烧开，再投入冬瓜、海米，煮10分钟左右。
3. 待冬瓜煮熟，加入味精、熟猪油、盐调味，撒上葱花即成。

适用人群： 适宜夏季暑热内盛、小便不利或黄少、心烦口渴、饮食减少等病症患者食用。

注意事项： 此汤品最好选用高汤煲，味道会更加鲜美。

白菜干贝鲜胗汤

清热润燥、开胃消食。

原材料 白菜干600克，干贝30克，鸡胗150克，鸭胗30克，蜜枣15克

调味料 盐5克，花生油及生粉少许

做法

1. 将白菜干浸泡30分钟，洗净；将干贝洗净，浸泡1小时；将蜜枣洗净。
2. 将鸡胗、鸭胗用刀剖开后，撕下内金，用少许花生油、生粉反复搓擦，以去除异味，洗净，汆水。
3. 在瓦煲内加水煮沸后加入以上材料，以大火煲开后，改用小火煲3小时，加盐调味即可。

适用人群： 秋燥上火或胃口欠佳者最适宜饮用。

注意事项： 血脂、胆固醇增高及高血压患者不宜多饮。

冬瓜红豆黑鱼汤

祛湿消肿、补脾利水。

原材料 冬瓜、黑鱼各500克，红豆30克，蜜枣15克

调味料 花生油10毫升，姜5克，盐5克

做法

1. 将冬瓜连皮洗净，不用去皮、瓤，切成块状；将红豆洗净，浸泡1小时；将蜜枣洗净。
2. 将黑鱼去鳞、鳃、内脏；烧热锅下花生油、姜片，将黑鱼两面煎至金黄色。
3. 将清水2000毫升放入瓦煲内，煮沸后加入以上材料，以大火煲开后改用小火煲3小时，加盐调味即可。

适用人群： 适宜夏季暑热内盛、小便不利或黄少、心烦口渴、饮食减少等病症患者食用。

注意事项： 本汤寒凉滑利，脾胃虚寒及肾虚者慎用。

胡萝卜香菇海蜇汤

清热消滞、降脂降糖。

原材料 胡萝卜150克，干香菇30克，去皮马蹄100克，海蜇头100克，猪瘦肉150克

调味料 盐5克

做法

1. 将胡萝卜去皮，洗净，切成块状；将猪瘦肉洗净切块，入沸水中汆水。
2. 将香菇去蒂，浸泡2小时，洗净；将马蹄洗净；将海蜇头浸泡，洗净，汆水。
3. 将清水2 000毫升放入瓦煲内，煮沸后加入以上材料，以大火煲开后改用小火煲3小时，加盐调味即可。

适用人群： 此汤适宜糖尿病患者以及高脂血症见咳嗽有痰、胃口欠佳或大便不畅者食用。

注意事项： 大便溏泄者不宜饮用本汤。

竹笋西瓜皮鲤鱼汤

利水消肿、解渴除烦。

原材料 鲤鱼750克，竹笋500克，西瓜皮50克，红枣20克

调味料 油、姜和盐各适量

做法

1. 将竹笋去硬壳，削去老皮，洗净后切片，用清水浸泡1天，每4小时换一次水。
2. 将鲤鱼去腮、去内脏，不去鳞，用清水洗净，斩件。
3. 将西瓜皮、姜洗净切片，红枣去核。
4. 锅里加油烧热，放入姜片炝锅，下鲤鱼块，将其炸至两面呈金黄色，捞出沥干油；在瓦煲内加适量清水，烧开，放入材料，用大火煮沸后改小火煲2小时，加盐调味即可。

适用人群： 此汤适宜大便干硬、量少者食用；亦可用于湿性脚气病、血管神经性水肿、慢性肾炎、高脂血症或单纯性肥胖等属于湿浊内盛的病症患者食用。

当归白芷枸杞鲤鱼汤

补血活血、滋补健胃。

原材料 当归10克，白芷15克，枸杞10克，黄芪15克，红枣25克，鲤鱼600克

调味料 姜5克，盐、油各适量

做法

1. 将各药材分别洗净，稍浸泡；将红枣去核。
2. 将鲤鱼宰杀洗净，去脏杂，置油锅，小火煎至两面微黄。
3. 将所有材料与姜一起放进瓦煲内，加入沸水2 000毫升，以大火煲沸后，改小火煲约一个半小时，调入适量盐和少许食用油便可。

适用人群： 一般人都可食用，女性尤为适合。

注意事项： 鲤鱼是发物，有慢性病者不宜食用。

白茅根煮鲫鱼汤

清热利尿、通淋。

原材料 鲜白茅根30克，鲫鱼500克，蜜枣15克

调味料 姜2片，花生油10毫升，盐5克

做法

1. 将鲜白茅根洗净。
2. 将蜜枣洗净；将鲫鱼宰杀后去鳞、鳃、内脏；烧热锅下花生油、姜片，将鲫鱼两面煎至金黄色。
3. 将1 600毫升清水放入瓦煲内，煮沸后加入以上材料，以大火煲开后，改用小火煲2小时，加盐调味即可。

适用人群： 此汤适宜泌尿系统感染、前列腺炎患者，或因前列腺肥大引起尿频、尿急、尿痛、尿少、尿血者食用。

注意事项： 本汤寒凉通利，肾虚尿频者慎用。

丝瓜豆腐鱼头汤

清热泻火、养阴生津。

原材料 丝瓜500克，鲜鱼头2个，豆腐500克

调味料 姜5克，盐适量

做法

1. 将丝瓜去角边，洗净，切成滚刀块；将鱼头洗净，切成两半；将豆腐用清水略洗。
2. 将鱼头和姜放入瓦煲里，注入适量开水，以大火煲10分钟，放入豆腐和丝瓜，再用小火煲15分钟，加盐调味即可。

适用人群： 此汤适宜有发热、口渴、便秘、尿黄、舌质红或苔黄等症状者食用。

注意事项： 感冒发热者不宜用本汤。

清煲小白菜

清热泻火。

原材料 小白菜1 000克，蜜枣20克

调味料 盐5克

做法

1. 将小白菜洗净切段；将蜜枣洗净。

2. 将清水1 800毫升放入瓦煲内，煮沸后加入小白菜、蜜枣，以大火煲沸后改用小火煲半小时，加盐调味即可。

适用人群： 小白菜可清热泻火、润肺止咳，蜜枣甘甜滋润，小白菜与蜜枣一同煲，对热气兼有感冒、喉痛、咳嗽者最为适宜。

注意事项： 本汤寒凉，胃寒、肺虚者慎用；脾胃虚寒或大便溏薄者不宜多食。

空心菜茅根瘦肉汤

消暑、祛湿、利尿。

原材料 空心菜400克，干白茅根50克，薏米30克，猪瘦肉500克

调味料 盐5克

做法

1. 将空心菜去杂质，摘去黄叶，洗净切段；将白茅根洗净。

2. 将薏米洗净，浸泡1小时；将猪瘦肉洗净，切成片。

3. 将清水2 000毫升放入瓦煲内，煮沸后加入除空心菜以外的原材料，以大火煲开后改用小火煲3小时，最后加入空心菜略煮，加盐调味即可。

适用人群： 本汤对因暑湿困阻引起的头身困重、尿少或尿黄短赤等症，有较好的食疗效果。

注意事项： 食用猪肉后不宜大量饮茶。牛奶与瘦肉不宜同食，因为牛奶里含钙，猪瘦肉含磷丰富，磷与钙相克。

苦瓜蚝豉瘦肉汤

清热降糖。

原材料 苦瓜400克，蚝豉60克，猪瘦肉500克

调味料 盐5克

做法

1. 将苦瓜去瓤，切成块状，洗净。
2. 将蚝豉浸泡2小时，洗净；将猪瘦肉洗净，切块。
3. 将清水2 000毫升放入瓦煲内，煮沸后加入以上材料，以大火煲沸后改用小火煲2小时，加盐调味即可。

适用人群： 本汤适宜糖尿病、高血压或高脂血症患者食用。

注意事项： 本汤寒凉，脾胃虚寒者慎用。

麦冬扁豆冬瓜汤

健脾除湿、养阴生津。

原材料 蝉蜕15克，麦冬20克，鲜扁豆30克，红豆30克，冬瓜1 000克，蜜枣25克

调味料 盐5克

做法

1. 将蝉蜕洗净，浸泡30分钟。
2. 将麦冬洗净；将鲜扁豆择去老筋，洗净；将红豆洗净后浸泡1小时。
3. 将蜜枣洗净；将冬瓜连皮洗净，切大块。
4. 将清水2 000毫升放入瓦煲内，煮沸后加入以上材料，以大火煲沸后改用小火煲3小时，加盐调味即可。

适用人群： 对热后阴伤、低热、口渴、心烦者有较好的食疗作用；也可用于食疗小儿夏季低热不退等症。

注意事项： 本汤较为寒凉，肺虚或脾胃虚弱者慎用。

莴笋炖兔肉

润肺止咳。

原材料 兔肉300克，莴笋100克，红枣10克，枸杞10克，鲜汤1 500毫升

调味料 姜5克，葱20克，盐、味精、料酒、酱油、油各适量

做法

1. 将莴笋去皮，切成3厘米左右的块；将姜切片；将葱切段。
2. 将兔肉洗净，切成3厘米左右的块。
3. 炒锅入油，烧至六成热时加入姜、葱爆香，放入兔肉、莴笋拌炒。
4. 加入鲜汤，放入红枣、枸杞和其余所有的调味料，炖至兔肉熟透即成。

适用人群：此汤适合肺热干咳者食用。

注意事项：莴笋含有对视神经有刺激作用的物质，过量或是经常食用莴笋，会有头昏嗜睡的中毒反应，导致夜盲症。

苦瓜红豆排骨汤

清热除烦、解酒毒。

原材料 苦瓜350克，红豆30克，排骨500克，蜜枣5颗

调味料 盐5克

做法

1. 将苦瓜去瓤、去籽，洗净，切成块状。
2. 将红豆提前浸泡洗净；将排骨洗净，斩件，汆水；将蜜枣洗净。
3. 将清水1 600毫升放入瓦煲内，煮沸后加入以上材料，以大火煲开后改用小火煲2小时，加盐调味即可。

适用人群：本汤寒凉清解，是醉酒后及经常饮酒、酒湿较重之人的食疗佳品。

注意事项：胃寒或脾虚泄泻者慎用。

第五章

春季宜喝的养生汤

春季气温变化大，细菌、病毒等微生物开始繁殖，人体很容易因感染而致病，所以春季应注意营养调理，以增强身体的抵抗力。春季进补应以高热量食物为主，配合摄取足够的维生素和无机盐，这时，喝汤不失为一个进补的好办法，比其他饮食方法更有利于人体营养的补充。

苹果雪梨煲牛腱

美白养颜、润肺化痰。

原材料 苹果100克，雪梨100克，牛腱600克，杏仁25克，红枣25克

调味料 姜片5克，盐5克

做法

1. 将牛腱洗净，切块，汆烫后捞起备用。
2. 将杏仁、姜片洗净备用；将红枣去核，洗净；将苹果、雪梨洗净，去皮切薄片。
3. 将所有的原材料和姜片放入煲中，加适量水，用大火煮沸后再用小火煮1小时，加盐调味即可。

适用人群： 男女老少皆宜，是肝炎、肝硬化患者春季最好的食疗汤品。

注意事项： 脾胃虚寒者忌饮用。

百合桂圆瘦肉汤

润肺止咳、清心安神。

原材料 百合150克，干桂圆肉20克，猪瘦肉200克

调味料 味精2克，生粉3克，酱油5毫升，红糖5克，盐5克，花生油适量

做法

1. 将百合放在冷水中浸泡约20分钟，洗净；将桂圆肉洗净。
2. 将猪瘦肉洗净，切成片，加生粉、酱油、盐腌制待用。
3. 锅中加百合、桂圆肉和适量清水，煮10分钟左右，放入猪瘦肉，改小火煮至肉熟，加入其余调味料即可。

适用人群： 此汤特别适合产妇调补食用。

注意事项： 大便干燥、口干舌燥者忌食桂圆肉。

芹菜牛肉汤

清热益气、健脾和胃。

原材料 牛肉200克，芹菜150克，鸡蛋50克，番茄80克，清汤适量

调味料 料酒5毫升，盐、味精、胡椒粉各适量

做法

1. 芹菜去叶洗净，切成小段；番茄洗净，切成小丁；鸡蛋打破，放入碗中搅散。
2. 将牛肉洗净，切成大块，与清汤一起放入汤锅中，大火烧开后改小火煲煮，待牛肉熟后，放入盐、味精、胡椒粉、芹菜、番茄。
3. 待汤再开时，淋入鸡蛋液和料酒即可。

适用人群： 一般人均可在春季食用。

注意事项： 芹菜有降血压的作用，故血压偏低者慎用。

山药熟地瘦肉汤

滋阴固肾、补肾摄精、补精益髓。

原材料 熟地24克，干山药30克，小茴香3克，泽泻9克，猪瘦肉60克

调味料 盐3克

做法

1. 将熟地、山药、小茴香、泽泻洗净。
2. 猪瘦肉洗净后切成大块。
3. 全部材料一起放入砂锅中，加适量清水，大火煮沸后改小火煮1小时，加入盐调味即可。

适用人群： 一般人都适用，尤其适合糖尿病人食用。

注意事项： 脾胃气滞、腹脘胀满者忌服。

山药牛奶瘦肉汤

生津润肠、补中益气。

原材料 干山药100克，牛奶200毫升，猪瘦肉500克

调味料 盐5克，姜片少许

做法

1. 猪瘦肉洗净，切块，汆水。
2. 猪肉与姜片放入锅内，加适量清水煮4小时，再加入洗净的山药，用小火熬煮至山药软熟。
3. 将牛奶、盐加入锅内烧沸即可。

适用人群： 一般人皆可饮用，特别适宜正处于发育阶段的儿童、青少年及脑力劳动者食用。

注意事项： 对牛奶过敏者忌食。

党参灵芝瘦肉汤

益气强身、养心安神。

原材料 党参30克，灵芝20克，猪瘦肉500克，蜜枣20克

调味料 盐5克

做法

1. 党参、灵芝洗净，浸泡。
2. 猪瘦肉洗净，切块，汆水；蜜枣洗净。
3. 瓦煲内加适量清水，煮沸后加入以上食材，大火煲开后改小火煲3小时，加入盐调味即可。

适用人群： 适宜中气下陷、心悸头昏者食用。

注意事项： 饮用此汤时忌食藜芦制品。

山药豆薯瘦肉汤

健脾益阴、生津止渴，补肺益肾。

原材料 猪瘦肉60克，鲜山药200克，豆薯20克

调味料 盐4克，味精3克

做法

1. 猪瘦肉洗净，切块；豆薯去皮，洗净，切厚片；山药去皮，洗净，切块。
2. 把全部食材放入煲内，加适量清水，大火煮沸后改小火煲2小时。
3. 加入调味料调味即可。

适用人群： 适宜糖尿病、高脂血症、脾虚胃热者食用。
注意事项： 患偏瘫（中风）、肠胃虚寒、消化不良者慎食。

苹果银耳猪腱汤

健脾养胃、润肺益气。

原材料 苹果1个，干银耳15克，猪腱250克，鸡爪40克

调味料 盐适量

做法

1. 苹果洗净，连皮切成4份，去掉果心；鸡爪斩去脚趾；猪腱洗净，切大块。
2. 银耳浸发，剪去梗蒂，汆水后冲洗干净；猪腱、鸡爪汆水后冲洗干净。
3. 煲中加适量清水，放入所有原材料，以大火煲10分钟后改小火煲2小时，加入盐调味即可。

适用人群： 适宜一般人食用，心肌梗死患者尤其适用。
注意事项： 脾胃虚寒者少食。

无花果苹果猪腿汤

补血养颜、清肠润肤、美白去斑。

原材料 干无花果50克，苹果150克，猪腿肉(宜用前腿肉)650克

调味料 盐、味精各适量，姜片5克

做法

1. 无花果洗净，稍浸泡。
2. 苹果去心，切块。
3. 猪腿肉洗净，整块不用切。
4. 将姜片放入瓦煲内，加入清水2 500毫升，大火煲沸后加入所有材料再煲沸，然后改小火煲约2小时，调入适量盐、味精即可食用。

适用人群： 适宜40~50岁的女性春季补血养颜饮用。

注意事项： 喝此汤时不宜吃松花蛋与蟹类。

芋头排骨汤

理气开胃、补气益肺。

原材料 猪排骨240克，芋头50克

调味料 鸡精5克，盐2克

做法

1. 排骨斩块，洗净，汆水；芋头去皮，切成小块。
2. 将所有食材放入炖盅内，加入清水，入锅隔水蒸2个小时。
3. 放入鸡精、盐调味即可。

适用人群： 一般人皆可食用。

注意事项： 芋头要蒸熟，否则其中的黏液会刺激咽喉。

绿豆陈皮排骨汤

理气调中、止渴利尿。

原材料 绿豆60克，猪排骨250克，陈皮15克

调味料 盐少许，生抽适量

做法

1. 绿豆除去杂物和坏豆子，清洗干净。
2. 排骨氽水，冲净；陈皮浸软，刮去白瓤。
3. 锅中加水适量，放入陈皮先煲开，再将其他食材加入煮10分钟，然后改小火煲3小时，加入适量盐、生抽调味即可。

适用人群： 一般人皆可食用。
注意事项： 选购陈皮时以表面棕色、质脆、气香、味微苦者为佳。

党参豆芽猪骨汤

补虚强体、和中益气。

原材料 党参15克，绿豆芽200克，猪骶骨500克，番茄100克

调味料 盐5克

做法

1. 猪骶骨斩段，氽烫后捞起，洗净。
2. 绿豆芽冲洗干净；番茄洗净，切块。
3. 将猪骶骨、绿豆芽、番茄、党参放入锅中，加入清水1 400毫升，以大火煮开后转小火炖30分钟，加入盐调味即可。

适用人群： 血气不足、身体虚弱者适合在春季饮用此汤。
注意事项： 绿豆芽性寒，慢性腹泻及脾胃虚寒者忌食。

薏米猪蹄汤

健脾补肺、清热利湿。

原材料 薏米200克，猪蹄500克，红枣25克

调味料 盐5克，料酒、胡椒粉、葱段、姜片各适量

做法

1. 薏米去杂质，洗净；红枣去核后泡发。
2. 猪蹄去毛，洗净，斩块，汆水，捞出用清水洗净。
3. 将以上材料和葱段、姜片放入煲中，加适量清水，烧沸后改小火炖至猪蹄熟烂，拣出葱段、姜片，加入盐、料酒、胡椒粉调味即可。

适用人群： 此汤适于春季补虚用，特别适合爱美女士饮用。
注意事项： 便秘、尿多者及孕早期的妇女应忌食。

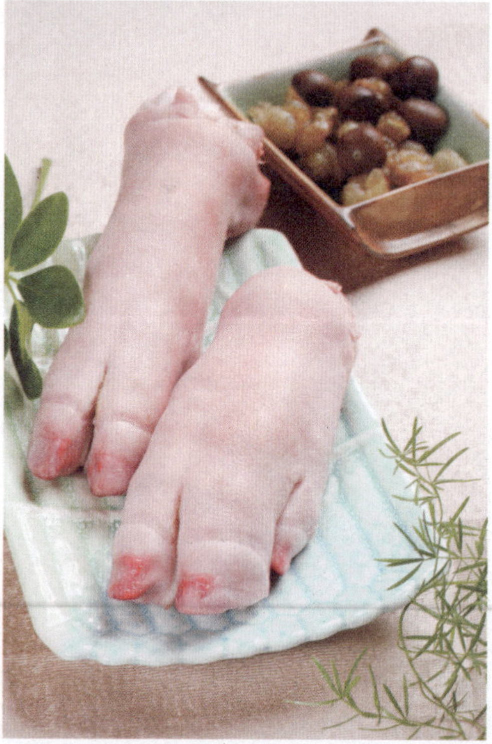

板栗桂圆炖猪蹄

宁神助眠、固守肾气。

原材料 板栗200克，干桂圆肉100克，猪蹄500克

调味料 盐5克

做法

1. 板栗入开水中煮5分钟，捞起去壳、内膜，洗净，沥干。
2. 猪蹄去毛斩块入沸水中汆烫，冲洗后备用。
3. 将准备好的板栗、猪蹄放入炖锅中，加水至没过食材，以大火煮开后改小火炖30分钟。
4. 桂圆肉入锅，续炖5分钟，加入盐调味即可。

适用人群： 适宜睡眠不佳、心神不宁者食用。
注意事项： 动脉硬化、高血压患者忌食。

粉葛猪蹄汤

祛湿润燥、清热下火。

原材料 粉葛500克，红豆100克，鲜扁豆100克，猪蹄500克，蜜枣20克

调味料 盐适量

做法

1. 粉葛去皮，洗净，切块。
2. 红豆、蜜枣洗净，稍浸泡；鲜扁豆洗净，择去老筋，切段；猪蹄斩块，汆水后捞出。
3. 粉葛放入煲内，加清水2 000毫升，大火煲开后改小火煲20分钟，再加入其他食材煲2.5小时，加入盐调味即可。

适用人群： 一般人均可食用，特别适宜食欲不振者在春季食用。
注意事项： 高胆固醇者忌食。

银耳炖猪蹄

提神健脑、补肾嫩肤、健体美容。

原材料 干银耳50克，猪蹄600克

调味料 葱、姜、盐、碱、胡椒粉、料酒、味精各适量

做法

1. 银耳泡发后去蒂，洗净，加少量碱，用开水浸泡8分钟，再用冷水冲洗至无碱味，撕成小朵；猪蹄洗净，剁成块，汆水后捞出，洗净血沫。
2. 葱洗净，切段；姜洗净，拍碎；将猪蹄、葱段、姜放入砂锅内，加料酒及适量清水，大火烧开后改小火煲2小时，加入银耳，煮至银耳、猪蹄熟烂，再加入胡椒粉、盐、味精调味即可。

适用人群： 老少皆宜。
注意事项： 胆固醇高及高血压者慎食本汤。

花生猪蹄汤

补血益气。

原材料 红豆30克，绿豆50克，花生50克，猪蹄600克，蜜枣4颗

调味料 盐3克，姜片5克，胡椒粉适量

做法

1. 红豆、绿豆洗净，花生去壳洗净，浸泡1小时；蜜枣洗净。
2. 猪蹄刮净毛，斩块，洗净，汆水；锅烧热，放入姜片，爆炒猪蹄5分钟。
3. 将2 000毫升清水放入瓦煲内，煮沸后加入以上用料，大火煲沸后改小火煲3小时，加入盐、胡椒粉调味即可。

适用人群： 皮肤干涩晦暗，易生色斑、疮疖，口干频渴者可在春季多食用此汤。

注意事项： 因豆类及猪蹄均为滞腻之品，容易引起消化不良，脾虚气滞、消化功能差者不宜多服本汤。

章鱼干花生猪蹄汤

补血益气、健腰固肾。

原材料 章鱼干120克，花生60克，猪蹄500克，陈皮5克

调味料 盐5克

做法

1. 章鱼干浸泡洗净；花生去壳洗净；陈皮洗净，浸泡。
2. 猪蹄洗净，去尽毛，斩块。
3. 将所有食材放入瓦煲内，加2 000毫升清水，大火煲沸后改小火煲2小时，加入盐调味即可。

适用人群： 适宜老人和产后体虚、缺乳之妇女食用。

注意事项： 有慢性皮肤病者慎食。

黄芪龙骨汤

滋阴养颜。

原材料 干猴头菇、黄芪、玉竹各5克，干山药10克，干百合、桂圆肉各20克，猪瘦肉、龙骨各100克

调味料 盐5克

做法

1. 先将猴头菇用水浸泡20分钟，挤干水分；猪瘦肉洗净，切片；龙骨洗净，斩段。
2. 将所有食材放入煲内，并加入适量清水，大火煲沸，再用小火煲2小时，加入调味料即可。

适用人群：一般人皆可食用。
注意事项：猴头菇最好用温水泡发。

白芷鱼头汤

行气活血、祛风止痛。

原材料 白芷15克，红枣50克，鱼头500克

调味料 姜片4克，盐5克

做法

1. 白芷、姜片洗净；红枣去核洗净；鱼头去鳃，用水冲去血污，洗净，斩件。
2. 将所有食材与姜片放入炖盅，加适量清水，盖上盖，放入锅内，隔水炖约1小时。
3. 加入盐调味即可。

适用人群：一般人皆可食用。
注意事项：阴虚火旺、月经量过多的女性应慎用白芷。

冬瓜脊骨汤

清湿热、祛燥火。

原材料 西瓜、冬瓜各500克，猪脊骨600克，蜜枣10克

调味料 盐5克

做法

1. 将冬瓜、西瓜洗净，切成大块。
2. 蜜枣洗净，去核备用。
3. 猪脊骨斩块，洗净，汆水。
4. 将清水2 000毫升放入瓦煲内，煮沸后加入所有食材，大火煲沸后改小火煲3小时，加入盐调味即可。

适用人群：适合烦渴思饮、汗多尿少、茶饭不思、胸闷胀满者于春季食用。

注意事项：本汤性寒，脾胃虚寒者慎用。糖尿病患者食用此汤可不加蜜枣。

玉米须山药猪尾汤

润肺化痰、固肾健脾。

原材料 猪尾1 000克，玉米须50克，干山药100克，白果40克，红枣25克

调味料 盐5克

做法

1. 猪尾洗净，割去多余的肥肉，斩段。
2. 红枣、山药、玉米须洗净；白果去壳、心，洗净。
3. 把全部食材放入锅内，加适量清水，大火煮沸后改小火煲3小时，加入盐调味即可。

适用人群：一般人皆可食用。

注意事项：白果心含有毒素，故在食用前应去掉。

山药花生炖猪尾

补肾养肝、强筋健骨。

原材料 猪尾300克，杜仲、干山药各10克，花生仁25克

调味料 盐、味精各适量，绍酒10毫升

做法

1. 猪尾用沸水汆烫后刮净猪毛，斩成小段。
2. 杜仲、山药、花生仁用温水浸透。
3. 将所有食材放入汤煲内，加适量清水，倒入绍酒，炖2~3小时，加适量盐、味精调味即可。

适用人群： 一般人皆可食用。
注意事项： 高脂血症患者应少吃花生。

韭菜豆芽猪血汤

清热、润肠、通便。

原材料 韭菜60克，黄豆芽100克，猪血400克

调味料 姜丝16克，盐5克，花生油适量

做法

1. 韭菜洗净，切成小段；黄豆芽洗净；猪血洗净，切成小块。
2. 瓦煲内加适量清水，烧开后放一点儿花生油，然后放入韭菜、姜丝、豆芽，煮沸5分钟后放入猪血，小火煮至猪血熟，加入盐调味即可。

适用人群： 因大肠燥热而引起的大便不畅者可长期食用此汤。
注意事项： 阴虚火旺、肠胃功能不佳者要少食韭菜。

香菜猪肝汤

补肝、补胃、促进食欲。

原材料 香菜100克，猪肝250克

调味料 盐、花生油、姜各适量

做法

1. 香菜洗净；猪肝洗净，切片；姜洗净切碎。

2. 锅中注油烧热，加水500毫升，烧开后放入猪肝、姜末，猪肝快熟时放入香菜、盐调味即可。

适用人群： 适用于因脾胃不和所致的嗳气、泛酸、不思饮食、眩晕等患者。

注意事项： 香菜性温，因热毒壅盛而导致疹出不透者忌食。

胡萝卜猪肝汤

润肺清心、养胃生津。

原材料 猪肝200克，胡萝卜300克，红枣50克

调味料 盐、花生油、料酒各适量

做法

1. 胡萝卜洗净，去皮，切块，放油略炒后盛出；红枣去核，洗净。

2. 猪肝洗净，切片，用盐、料酒腌约10分钟，放油略炒后盛出。

3. 把胡萝卜、红枣放入锅内，加足量清水，大火煮沸后加入猪肝煲熟，以小火煲至胡萝卜熟软，加入盐调味即可。

适用人群： 一般人皆可食用。

注意事项： 高胆固醇、肝病、高血压等患者应少食或不食本汤。

猪肝豆腐汤

补气养血、养胃生津。

原材料 猪肝200克，豆腐200克，黄豆芽100克，腌雪里蕻100克

调味料 盐5克，味精2克，花生油、葱各适量

做法

1. 猪肝洗净，切片；豆腐切丁；雪里蕻洗净，切末；葱洗净切末。
2. 锅内注油烧热，放入葱末煸香，再放入猪肝、黄豆芽，炒出香味时加足量清水，在大火上烧开。
3. 放入雪里蕻、豆腐改小火烧约10分钟，加入盐、味精调味即可。

适用人群：适用于身体虚弱者于春季食用。

注意事项：心脑血管患者忌食。

党参山药猪胰汤

益气健脾、和胃开胃。

原材料 党参30克，干山药30克，蜜枣15克，猪胰200克，猪瘦肉150克

调味料 盐5克

做法

1. 党参、山药洗净，浸泡一会儿。
2. 蜜枣洗净；猪胰、猪瘦肉洗净切块，汆水。
3. 将2 000毫升清水放入瓦煲内，煮沸后加入以上食材，以大火煲开后转小火煲3小时，加入盐调味即可。

适用人群：适宜易在春季感染病毒的人食用。

注意事项：服用党参期间应忌食萝卜、绿豆。

腐竹猪肚汤

滋润养颜、促进食欲。

原材料 猪肚500克，马蹄300克，腐竹100克

调味料 姜片5克，胡椒粉5克，盐适量

做法

1. 猪肚洗净，放入大碗中，内外都抹上盐腌制10分钟，取出，放入开水中汆烫5分钟捞出，翻面洗净。
2. 马蹄去皮，洗净；腐竹用温水泡20分钟，洗净备用。
3. 汤煲中加入清水4 000毫升，以大火烧开，加入所有原材料与姜片，等水烧沸时转中火煲2小时，捞出猪肚，切成长条，放入汤煲中再煮3分钟，加入其余调味料调味即可。

适用人群：一般人皆可食用。
注意事项：腐竹宜用40℃的温水泡发。

白果覆盆子猪肚汤

补肝益肾。

原材料 干覆盆子12克，枸杞20克，白果10克，猪肚500克

调味料 盐5克，姜片5克

做法

1. 覆盆子洗净；白果炒熟，去壳。
2. 猪肚用盐反复清洗后，切成小块；枸杞洗净。
3. 将所有食材与姜片放入瓦煲内，加适量清水，大火煲沸后改小火煲3小时，加入盐调味即可。

适用人群：一般人都可食用，特别适宜尿频、遗尿之人食用。
注意事项：覆盆子可治疗因肾虚而引起的遗泄，如不是由肾虚引起的遗泄则不宜用其作食疗。

枸杞猪心汤

补血健脾、安心养神。

原材料 猪心500克，枸杞12克，人参10克

调味料 盐、鸡精各适量

做法

1. 猪心对半剪开，洗净焯水；枸杞、人参洗净备用。
2. 将洗净的食材放入炖盅内，加入清水，上笼蒸2小时。
3. 放入盐、鸡精调味即可。

适用人群：一般人皆可食用。

注意事项：猪心一定要选购新鲜的，且要清洗干净。

茯苓黄花菜猪心汤

健脾养血、清心安神。

原材料 茯苓30克，干黄花菜20克，猪心200克

调味料 盐适量，姜片5克

做法

1. 茯苓洗净，稍浸泡；黄花菜洗净，浸泡后用力挤出水分。
2. 猪心洗去血污，入沸水锅中汆烫3分钟，捞起切片。
3. 将所有食材与姜片放入汤煲内，加2 000毫升清水，以大火煮沸后改小火煲2小时，加入盐调味即可。

适用人群：此汤特别适合患老年痴呆症者食用。

注意事项：将猪心的血污汆去后，煲出的汤会更清。

油菜猪腰汤

强筋健骨、缓解疲劳。

原材料 猪腰450克，油菜50克

调味料 盐4克，姜片5克

做法

1. 猪腰剖成两半，剔去白筋，先在外面切斜纹花，再切成片；油菜洗净切段。
2. 将猪腰浸在清水中，洗去血水，放入沸水中汆烫，捞出冲净。
3. 锅中加适量清水，放入姜片以大火煮沸，放入腰花片转小火煮10分钟。
4. 再转中火，待汤一开，放入油菜，水开后加入盐调味即可。

适用人群： 一般人皆可食用。

注意事项： 疮癣患者忌食。

冬瓜火腿汤

健脾开胃、消肿利水。

原材料 熟火腿75克，冬瓜400克

调味料 盐5克，姜片、葱、料酒各适量

做法

1. 冬瓜洗净，切成长约5厘米、宽约3厘米、厚约1厘米的片。
2. 将火腿切成同冬瓜大小相同的片。
3. 锅中加适量清水，放入火腿，大火烧开，再加入冬瓜、料酒、葱、姜片，转小火焖煮10分钟，加入盐调味即可。

适用人群： 适宜一般人于春季食用，特别适合虚胖之人食用。

注意事项： 急、慢性肾炎患者忌食。

首乌鸡肉汤

养血滋肾、温中益气。

原材料 带骨鸡肉600克，何首乌50克，陈皮15克

调味料 盐适量，姜片10克

做法

1. 将所有食材洗净；鸡肉斩件；陈皮泡软。
2. 鸡肉入沸水中汆烫后捞起，用清水洗净备用。
3. 将鸡块、何首乌、陈皮、姜片放入煲内，加适量清水，大火煲开后改小火煲2小时，加入盐调味即可。

适用人群：此汤适合于春季滋补用，特别适合须发早白、未老先衰人士饮用。

注意事项：大便溏薄者忌用。

桂圆煲整鸡

益肾固精、健脾利水。

原材料 土鸡500克，红枣30克，干桂圆肉100克，薏米50克，枸杞30克，莲子30克

调味料 盐4克，鸡精2克，姜片10克

做法

1. 红枣去核，泡发洗净；桂圆肉、薏米洗净；枸杞去杂质洗净；莲子去心，洗净备用。
2. 土鸡宰杀，去毛、内脏，洗净，放入沸水中汆去血污备用。
3. 砂锅上火，放入鸡、姜片、红枣、桂圆肉、薏米、枸杞、莲子，加适量清水，大火烧开后，转小火煲3小时至鸡熟烂，加入其余调味料调味即可。

适用人群：一般人皆可食用。

注意事项：大火烧开后转用小火慢煲才能出味。

杂菌炖鸡

补中益气、健脾养胃。

原材料 鲜杂菌150克，老鸡600克，猪瘦肉200克，鸡爪15克，猪骨200克

调味料 盐5克，味精4克，胡椒粉10克，牛肉汁5毫升

做法

1. 将所有原材料洗净，老鸡、猪瘦肉、猪骨切件备用；杂菌洗净，撕开备用。
2. 净锅上火，倒清水烧开，放入杂菌焯烫捞出；再分别放入鸡肉、猪瘦肉、猪骨、鸡爪汆透，洗净。
3. 将所有食材放入汤煲内，加牛肉汁及适量水盖过肉面，大火煮开后转小火慢炖至熟烂，调入其余调味料调味即可。

适用人群： 一般人皆可食用。
注意事项： 清理鸡爪时一定要把趾甲剪掉。

猴头菇炖母鸡

补气养胃、健脾养血。

原材料 黄芪12克，党参13克，干猴头菇100克，红枣40克，母鸡600克

调味料 盐4克

做法

1. 全部中药材洗净，稍浸泡；猴头菇去蒂洗净，浸泡发涨后挤去水分，切成厚片。
2. 母鸡宰杀，去尽毛和内脏，斩块。
3. 将所有材料放入炖盅内，加适量清水，隔水炖3小时，加入盐调味即可。

适用人群： 适宜所有人于春季温补之用。
注意事项： 孕妇忌食。

猴头菇黄芪炖鸡

健体美容、润滑肌肤。

原材料 鸡500克，干猴头菇250克，黄芪50克

调味料 盐、姜片、香油、味精各适量

做法

1. 鸡斩去嘴尖、翅尖、爪及腚尖，洗净，剁成约3厘米见方的小块。
2. 将鸡块放入沸水中烫一下，捞出后用温水洗净；猴头菇择去根，用清水泡软，洗净切片；黄芪洗净备用。
3. 锅内加适量清水，放入鸡肉块、黄芪、姜片，大火烧沸后撇去浮沫，改小火煮约1小时，加入猴头菇，用小火炖煮30分钟左右，用盐、味精调味，滴入香油拌匀，盛入碗内即可。

适用人群： 适用于皮肤粗糙者春季食用。

注意事项： 干猴头菇适宜用水泡发而不宜用醋泡发。

桑螵蛸红枣鸡腿汤

补肾固精、养血安神。

原材料 桑螵蛸10克，红枣40克，鸡腿500克

调味料 鸡精5克，盐2克

做法

1. 鸡腿剁块，放入沸水中汆烫，捞起冲净；红枣洗净，去核。
2. 鸡肉、桑螵蛸、红枣一起放入瓦煲中，加适量清水，以大火煮开后转小火续煮30分钟。
3. 加入鸡精、盐调味即可。

适用人群： 适宜有尿床症状的小孩食用，也适合肾虚、性功能障碍的成年男女食用。

注意事项： 有湿热者不宜食用桑螵蛸。

人参糯米鸡腿汤

强身健体、补中益气。

原材料 人参15克，糯米20克，鸡腿500克，红枣50克

调味料 盐5克

做法

1. 糯米淘洗干净，用清水泡1小时，沥干备用；人参冲洗后切片。
2. 鸡腿剁块，洗净，汆烫后捞起备用。
3. 将糯米、鸡块、参片、红枣放入炖锅中，加清水1 600毫升，以大火煮沸后转小火炖至肉熟米烂，加入盐调味即可。

适用人群： 此汤非常适合产妇食用。

注意事项： 脾胃虚寒者忌食。炖此汤时，要不时地搅拌一下，以免糯米粘在锅底或黏成团而影响口感。

人参红枣鸡腿汤

增强体力、补虚填精。

原材料 人参25克，红枣15克，鸡腿250克

调味料 盐5克

做法

1. 鸡腿剁块；人参切片；红枣洗净。
2. 鸡块入沸水中汆烫，捞起用清水洗净。
3. 鸡肉、参片、红枣一起放入汤锅中，加适量清水，用大火煮开后转小火慢炖30分钟，加入盐调味即可。

适用人群： 人人皆可食用，尤其适合体虚之人食用。

注意事项： 感冒发热、体内有湿热者忌食。

板栗煲鸡汤

补肺润肺、益气补肾。

原材料 板栗150克，核桃仁80克，红枣10克，鸡600克

调味料 盐4克

做法

1. 板栗去壳，浸泡；核桃仁洗净，加水浸泡；红枣去核，洗净。
2. 鸡宰杀，去尽毛及内脏，斩块，放入沸水中汆去血水。
3. 将所有食材放入瓦煲内，加2 000毫升清水，大火煮沸后改小火煲2小时，加入盐调味即可。

适用人群：适宜一般人于春季食用，特别适合体质虚弱者食用。
注意事项：气滞腹胀者忌食。

山药鸡腿汤

滋阴健脾、益精固肾。

原材料 干山药250克，胡萝卜100克，鸡腿500克

调味料 盐5克

做法

1. 胡萝卜削皮，洗净，切块；鸡腿剁块，放入沸水中汆烫，捞起冲净。
2. 鸡腿、胡萝卜先下锅，加水至盖过食材，以大火煮开后转小火炖15分钟。
3. 下入山药，以大火煮沸后改小火续煮10分钟，加入盐调味即可。

适用人群：一般人皆可食用。
注意事项：女性如果吃多了胡萝卜，很容易引起月经异常，并导致不孕。

桂圆鸡心汤

补血养心、生津和胃。

原材料 红枣35克，干桂圆肉30克，鸡心200克

调味料 盐5克

做法

1. 桂圆肉、红枣去核洗净。
2. 鸡心剖开，洗净腔内淤血。
3. 将清水1 500毫升放入瓦煲中，煮沸后加入以上食材，大火煲沸后改小火煲2小时，加入盐调味即可。

适用人群：一般人皆可食用。

注意事项：阴虚火旺体质者、糖尿病人忌食。

五子下水汤

健脾和胃、益肾固精。

原材料 鸡内脏（鸡心、鸡肝、鸡胗）300克，蒺藜子10克，干覆盆子10克，车前子10克，菟丝子10克，女贞子10克

调味料 姜5克，盐5克

做法

1. 将鸡内脏洗净，均切成片；姜洗净，切丝。
2. 将所有药材放入棉布袋内扎好，放入锅中，加水1 000毫升清水以大火煮沸，转小火煮20分钟。
3. 捞起棉布袋，转中火，放入鸡内脏、姜丝，待汤再开，加入盐调味即可。

适用人群：适合心悸、失眠、虚烦、健忘者食用。

注意事项：鸡心含胆固醇较高，所以冠心病、高血压、脂肪肝患者须慎食。

土茯苓绿豆老鸭汤

清热除湿、解毒润燥。

原材料 土茯苓30克，绿豆50克，老鸭650克

调味料 盐4克，姜片10克

做法

1. 土茯苓用水洗净，浸泡；绿豆加水浸泡。
2. 老鸭宰杀，去尽毛及内脏，斩块。
3. 将所有食材一起放入瓦煲内，加适量清水，大火煮沸后改小火煲3小时，加入盐调味即可。

适用人群： 适宜一般人在春末夏初之时食用。

注意事项： 脾胃虚寒、慢性胃炎者忌食。

补骨脂芡实鸭汤

补中益气、清热消肿。

原材料 补骨脂15克，芡实50克，鸭肉300克

调味料 盐5克

做法

1. 鸭肉斩块，入沸水中汆烫，捞起冲洗干净。
2. 芡实淘洗干净，与补骨脂、鸭肉一起入锅，加1 400毫升清水，以大火煮开，转小火续煮40分钟。
3. 加入盐调味即可。

适用人群： 适宜小便失禁之人春季食用。

注意事项： 因体虚或受凉而致的食欲不振之人忌食。

参枣老鸽汤

补心养神、活血通络。

原材料 党参15克，枸杞10克，红枣25克，鸽子100克，猪瘦肉200克

调味料 盐少许

做法

1. 将党参、枸杞洗净；红枣浸泡好，去核洗净。
2. 鸽子宰杀，去净毛和内脏；猪瘦肉洗净，切块；鸽肉、猪肉分别汆水。
3. 将所有食材放入瓦煲内，加2 500毫升清水，大火煲沸后改小火煲2小时，加入盐调味即可。

适用人群： 适宜一般人在早春季节食用。

注意事项： 服用中药藜芦者不宜食用此汤。

玉竹沙参炖鹌鹑

补心养神。

原材料 鹌鹑200克，猪瘦肉50克，玉竹8克，沙参6克，干百合6克

调味料 姜片5克，绍酒5毫升，盐、味精各少许

做法

1. 玉竹、百合、沙参用温水浸透，洗净。
2. 鹌鹑杀洗干净，去头、爪、内脏，斩件，汆去血水。
3. 猪瘦肉洗净，切成块，汆去血水。
4. 将所有食材和姜片放入在汤煲内，加沸水淹过食材，先用大火炖30分钟，改小火炖1小时，加入盐、绍酒、味精调味即可。

适用人群： 特别适合中老年人及高血压、肥胖患者于春季食用。

注意事项： 鹌鹑忌与猪肝及菌类食物一同食用。

桂圆百合炖鹌鹑

补心养神、补脾益胃。

原材料 干桂圆肉15克，干百合30克，鹌鹑200克

调味料 盐5克

做法

1. 桂圆肉、百合洗净，用水稍浸泡。
2. 鹌鹑宰杀，去净毛及内脏，洗净，汆去血水。
3. 将所有食材放入炖盅内，加适量清水，盖上盅盖，隔水炖3小时，加入盐调味即可。

适用人群：适宜老年人及脑力劳动者于春季食用。

注意事项：风寒咳嗽、大便滑泻者忌食百合。

苹果黑鱼汤

清热润肺、生津止渴。

原材料 苹果2个，黑鱼500克，猪瘦肉150克，红枣25克

调味料 盐5克，姜片5克，植物油适量

做法

1. 黑鱼去鳞、鳃及内脏，洗净，斩件；净锅烧热，注油把姜片爆香，将黑鱼煎至两面金黄。
2. 猪瘦肉洗净，切块，汆水；苹果洗净，去皮和心，切成4块。
3. 将2 000毫升清水注入汤煲内，煮沸后加入姜片及所有食材，待水再沸后改小火煲3个小时，加入盐调味即可。

适用人群：此汤是体虚者在春季的滋补珍品。

注意事项：产妇、小儿忌食。

粉葛银鱼汤

清热解毒、祛风湿。

原材料 银鱼干200克，粉葛500克，干乌梅35克

调味料 盐适量，姜片8克

做法

1. 粉葛去皮，切块；乌梅洗净，去核备用。
2. 银鱼干泡发洗净，沥干水分。
3. 把粉葛、银鱼、姜片、乌梅一齐放入锅内，加适量清水，大火煮沸后改小火煮2小时，汤成后调味即可。

适用人群： 一般人皆可食用。

注意事项： 乌梅一定要去核，疗效才会更佳。

黄芪带鱼汤

和中开胃、健脾益气。

原材料 带鱼500克，黄芪30克，炒枳壳10克

调味料 料酒适量，盐少许，葱20克，花生油适量

做法

1. 黄芪、炒枳壳洗净，装入纱布袋中，扎紧口，做成药包；葱洗净，切段。
2. 带鱼去鳞、头、内脏，洗净，斩成段。
3. 锅内倒入花生油加热，将带鱼段稍煎，然后加入清水，放入药包、料酒、葱段，煮至鱼肉熟，拣去药包，加入盐调味即可。

适用人群： 适宜久病体虚、营养不良者食用。

注意事项： 凡患有疥疮、湿疹等皮肤病的人忌食。

乌梅银耳鲤鱼汤

健脾养胃、强身健体。

原材料 干银耳100克，鲤鱼300克，干乌梅30克，香菜末少许

调味料 盐、花生油各适量，姜片6克

做法

1. 鲤鱼去鳞，去内脏，清洗干净；煎锅里放少许花生油烧热，放入姜片，煎至香味出来后再放入鲤鱼，鲤鱼煎至两面呈金黄色。
2. 银耳泡发，撕成小朵，同鲤鱼一起放入炖锅，加入适量水。
3. 再放入乌梅，以中火煲1小时，待汤色变成奶白色时加入盐调味，最后加香菜末提味即可。

适用人群： 一般人皆可食用。

注意事项： 过敏性皮肤病、支气管哮喘、肾炎、淋巴结核、红斑狼疮、癌症患者忌食。

芡实鲫鱼汤

健脾固肾、健脾利湿、活血通络。

原材料 芡实15克，干山药15克，鲫鱼250克

调味料 盐5克，油适量

做法

1. 鲫鱼去鳞、鳃及内脏，洗净，放少许盐稍腌片刻。
2. 净锅加热注油，将鱼煎至两面呈金黄色，再与芡实、山药同入砂锅中。
3. 砂锅内加适量清水，大火煲开后改小火煲1小时，加入盐调味即可。

适用人群： 适宜食欲不振者于春季食用。

注意事项： 芡实有较强的收涩作用，便秘、尿赤者、婴儿及产妇皆不宜食用。

木瓜鱼尾汤

健脾消食、滋养美白、清热祛风。

原材料 木瓜500克，草鱼尾200克，猪瘦肉100克

调味料 盐5克，花生油适量

做法

1. 木瓜洗净，去籽，削皮，切块；猪瘦肉洗净，切块备用。
2. 草鱼尾洗净，去鳞，入油锅中煎至两面呈金黄色。
3. 将所有食材放入瓦煲内，加3 000毫升清水，大火煮沸后改小火煲2.5小时，加入盐调味即可。

适用人群： 一般人均可食用，特别适宜胸腹胀满者食用。

注意事项： 胃酸过多者不宜多吃木瓜。过量食用木瓜会损害牙齿。

杜仲炖虾

固腰补肾、丰胸祛湿。

原材料 虾200克，金樱子10克，补骨脂15克，巴戟天25克，杜仲20克，干桂圆肉50克

调味料 盐5克

做法

1. 所有药材洗净；虾剪去须，去尽泥肠。
2. 药材全部放入砂锅中，加入适量清水，以大火煮沸后转小火煎煮1小时。
3. 加入虾续煮10分钟，加入盐调味即可。

适用人群： 老少皆宜，特别适宜儿童、孕妇及心血管病人食用。

注意事项： 虾为发物，有皮肤病者忌食。

茯苓乌龟汤

滋阴补血、解毒利湿。

原材料 土茯苓50克，乌龟800克

调味料 盐5克

做法

1. 土茯苓洗净，切成片。
2. 乌龟放入瓦煲内，加适量清水，加热至水沸龟死，去除其表皮、内脏，洗净后斩件。
3. 将3 000毫升清水放入煲内，煮沸后加入所有材料，大火煮沸后改小火煲5小时，加入盐调味即可。

适用人群：适宜体质虚弱者食用。

注意事项：肝炎患者、孕妇忌食。

芡实薏米牛蛙汤

除湿利水、清热解毒。

原材料 薏米15克，芡实15克，白术15克，牛蛙150克

调味料 盐4克

做法

1. 牛蛙去皮洗净，斩件，放入沸水中汆烫，捞起冲净。
2. 将薏米、芡实淘洗净，与白术一起盛入煲中，加适量清水以大火煮沸，转小火续煮30分钟。
3. 将火调为中火，再加入牛蛙，待汤沸腾后，加入盐调味即可。

适用人群：适宜排尿不畅、水肿虚胖之人食用。

注意事项：薏米滑胎，孕妇忌食。

党参鳝鱼汤

补气养血、滋补肝肾。

原材料 党参30克，黄芪20克，当归10克，红枣25克，鳝鱼500克

调味料 盐5克

做法

1. 党参、黄芪洗净；当归洗净，浸泡好。
2. 红枣去核，洗净。
3. 鳝鱼剖腹去骨切段，去内脏，汆水，洗净。
4. 将2 000毫升清水注入瓦煲内，煮沸后加入所有食材，大火煮沸后改小火煮3小时，加入盐调味即可。

适用人群： 适宜人们在春季温补时食用。

注意事项： 湿热痹痛者慎用。

巧去鳝鱼黏液： 先把鳝鱼摔死，在其身上撒上草木灰，搓揉一下，再把草木灰从鳝鱼身上抹下来，这样，鳝鱼身上的黏液就去掉了。

小白菜蛤蜊汤

健脾消食。

原材料 蛤蜊300克，小白菜250克，香菜100克

调味料 盐5克，味精3克，葱20克，姜10克，花生油适量

做法

1. 蛤蜊剖开洗净；小白菜洗净，切段；香菜、葱洗净，切段；姜洗净切片。
2. 净锅上火，注油烧热，下入葱段、姜片炝锅，然后放入蛤蜊煎至去腥味。
3. 另起锅加入适量清水烧沸，放入所有材料煲20分钟，加入盐、味精调味，起锅时放入香菜即可。

适用人群： 一般人皆可食用。

注意事项： 煎蛤蜊的时候一定要煎至腥味完全消失。

茯苓炖水蛇

祛湿解毒、养胃补气。

原材料 土茯苓10克，水蛇1条，红枣10克

调味料 盐5克，姜片3克

做法

1. 水蛇宰杀后，去皮及内脏，切段，洗干净，汆水待用。
2. 土茯苓洗净；红枣去核、洗净。
3. 红枣、姜片、水蛇段和土茯苓全部放入炖盅内，加入适量清水，大火煮沸后改小火炖3小时，食用时加入盐调味即可。

适用人群：一般人都可在春季食用，特别适合风湿病人食用。

注意事项：蛇肉一定要煮熟、煮透才可食用。蛇肉在烹制前不要放在水里浸泡，否则会老韧而不易熟烂。

芹菜牛奶汤

益胃养阴、止血通淋。

原材料 芹菜150克，牛奶150毫升，奶油50克，面粉适量

调味料 盐适量

做法

1. 芹菜洗净，切段，入锅注水煮沸。
2. 将盐、奶油、面粉调入牛奶中，一起倒入芹菜汤中，煮沸即可。

适用人群：此汤清淡适口、鲜香开胃，糖尿病、小便出血、小便淋痛者均可食用。

注意事项：芹菜叶中所含的胡萝卜素和维生素C比茎中多，因此吃时不要把叶扔掉。

芥菜姜汤

清肺祛痰、防止感冒。

原材料 芥菜500克，姜50克

调味料 盐3克，花生油10克

做法

1. 芥菜择去黄叶，洗净后切成段。
2. 姜洗净后切成厚片，用刀拍一拍。
3. 锅中加适量清水，放入姜片，大火煮沸后倒入芥菜煮至熟，加入盐、花生油调味即可。

适用人群： 适合在冷热交替的春季食用，特别适合抵抗力差的人食用。

注意事项： 脾胃虚弱者忌食。

党参当归银耳汤

健脾养胃、滋阴益胃。

原材料 干银耳50克，党参25克，当归15克，杜仲15克，怀牛膝15克，何首乌20克，黄精20克

调味料 冰糖适量

做法

1. 将所有食材洗净备用；银耳泡好撕小朵。
2. 除银耳外，其他材料入锅加适量清水，煮沸后转小火煎约90分钟，再加入银耳，用小火续煲60分钟。
3. 加入冰糖煲至冰糖溶化即可。

适用人群： 一般人都可食用，特别适合久病体虚、贫血之人于春季滋补用。

注意事项： 慢性腹泻、大便溏薄者忌食。

莲子百合麦冬汤

宁心安神、润肺止咳。

原材料 莲子200克，干百合20克，麦冬15克

调味料 冰糖80克

做法

1. 莲子和麦冬洗净，沥干，盛入锅中，加适量清水以大火煮开，然后转小火续煮20分钟。
2. 百合洗净，用清水泡软，加入汤中，续煮5分钟左右后熄火。
3. 加入冰糖调味即可。

适用人群： 一般人都可食用，特别适合肺热咳嗽、高热之后有余热、神志恍惚者食用。
注意事项： 脾胃虚寒者忌食。

莲子山药银耳甜汤

滋阴健脾、养心安神。

原材料 干银耳100克，莲子50克，鲜山药50克，干百合50克，干红枣30克

调味料 冰糖适量

做法

1. 银耳、莲子、百合洗净，泡发备用。
2. 红枣去核，洗净；山药去皮，洗净，切成块。
3. 银耳、莲子、百合、红枣同时入锅，煮约20分钟，待莲子、银耳煮软时将山药放入，煮一会儿，加入冰糖调味即可。

适用人群： 适宜思虑过度、劳心失眠者食用。
注意事项： 风寒咳嗽、虚寒出血、脾虚便溏者忌食。

夏枯草黑豆汤

补肾养肝、稳定血压。

原材料 黑豆50克，夏枯草30克

调味料 白糖3克

做法

1. 夏枯草去除杂质，洗净，控干水分。
2. 黑豆去除杂质，洗净，用水浸泡半小时。
3. 将夏枯草、黑豆倒入锅内，加入适量水，用小火煮约1小时后，捞出夏枯草，加入白糖，继续煮至黑豆酥烂、豆汁约剩下1小碗时即可食用。

适用人群：一般人皆可食用，春季饮用可防肝火旺，特别适合高血压患者食用。

注意事项：胃寒、血压过低者忌食。

豆芽牛肉汤

补中益气、化痰息风、止渴止涎。

原材料 牛肉600克，绿豆芽200克，胡萝卜100克，黄芪10克

调味料 盐5克

做法

1. 将牛肉洗净，切块，汆烫后捞出。
2. 胡萝卜削皮切块；绿豆芽掐去根须，冲净备用。
3. 将所有食材放入炖盅，加适量清水，上笼蒸2小时，加入盐调味即可。

适用人群：适宜中气下陷、气短体虚、筋骨酸软、贫血久病及面黄目眩之人食用。

注意事项：患皮肤病、肝病、肾病的人应慎食。

菊花茯苓汤

清热解毒、祛湿消肿、消痈排脓。

原材料 菊花、土茯苓各30克

调味料 冰糖10克

做法

1. 菊花去杂质，洗净；土茯苓洗净，切成薄片备用。
2. 砂锅内加适量清水，放入土茯苓，大火烧沸后改小火煮10~15分钟。
3. 加入冰糖、菊花再煮3分钟，去渣即可。

适用人群： 适合春季易感染上火之人食用。

注意事项： 土茯苓应置于通风干燥处保存，以免受潮。

紫菜蛋花汤

清热开胃。

原材料 番茄200克，干紫菜20克，鹌鹑蛋30克

调味料 盐5克，花生油10克

做法

1. 番茄洗净，去蒂，切成片状。
2. 紫菜浸泡15分钟，洗净。
3. 鹌鹑蛋拌成蛋液备用。
4. 将清水800毫升注入瓦煲内，煮沸后倒入花生油、番茄、紫菜煲沸15分钟，倒入蛋液，略搅拌，加入盐调味即可。

适用人群： 适于因热病而胃口欠佳者于春季食用。

注意事项： 本汤较为寒凉，胃寒泄泻者慎用。

第六章

夏季宜喝的养生汤

炎热的夏季，清凉、冰镇饮品是人们解暑的首选。其实一些特殊的汤品，也能起到解暑作用，还能及时补充人体流失的营养素。汤品不仅营养丰富、不伤肠胃，而且极易被人体吸收，那些因为天气热而没有胃口的人，可以通过喝营养丰富的汤品来补充机体的损耗。多喝汤不仅能补充维生素、矿物质、氨基酸、水分，而且还可调节口味、增强食欲、消夏防暑、防病抗衰，对健康十分有益。

乌鸡冬瓜汤

养血调肝、散郁驱淤。

原材料　乌鸡200克，冬瓜750克，火腿30克

调味料　盐适量

做法

1. 乌鸡洗净，斩块；冬瓜去瓤、籽，连皮切大块。
2. 锅中注水烧沸，下乌鸡块汆去血水。
3. 锅中加适量清水，将所有食材放入，用大火煲开后转小火煲30分钟，加入盐调味即可。

适用人群：此汤对有血虚、气虚、脾虚、肾虚等症的妇女，以及成长发育迟缓的小儿特别有好处。

注意事项：乌鸡虽然营养丰富，但多食会生痰助火、生热动风，故体肥、患严重皮肤疾病者宜少食或忌食。

苦瓜鸡骨汤

生津润燥、清热解毒。

原材料　苦瓜200克，鸡胸骨500克，黄芪10克，枇杷叶8克

调味料　盐适量

做法

1. 鸡胸骨入沸水中汆烫，捞起冲洗净。
2. 苦瓜洗净，对半切开，去籽和白色薄膜，切块。
3. 黄芪、枇杷叶洗净备用。
4. 汤煲内加清水800毫升，放入鸡胸骨，大火煲开后转小火煲2小时，再将黄芪、枇杷叶、苦瓜放入汤煲中，煮30分钟，加入盐调味即可。

适用人群：各类人群皆可食用。

注意事项：如果怕苦瓜太苦，可在切好后用盐腌几分钟，然后用清水洗净，可减轻苦味。

板栗土鸡汤

养胃健脾、温中补气。

原材料 土鸡500克，板栗200克，红枣25克

调味料 盐5克，鸡精2克，姜片5克

做法

1. 土鸡宰杀后去净毛、内脏，洗净切块；板栗剥壳，去内膜，洗净备用。
2. 净锅上火，加适量清水，烧沸，放入鸡块氽去血水，洗净备用；红枣洗净。
3. 将鸡块、板栗、红枣放入炖盅内，加姜片，以小火炖熟，加入盐、鸡精调味即可。

适用人群：适宜各类人群于夏季食用。

注意事项：板栗一次不可进食过多，生吃过多难以消化，熟食过多则阻滞肠胃。

玉米煲土鸡

养胃健脾、温中补气。

原材料 玉米300克，土鸡500克

调味料 盐5克，胡椒粉3克，鸡精4克，姜片7克

做法

1. 土鸡洗净，斩块；玉米切段。
2. 锅中加水烧沸，放入鸡块焯烫，捞出沥干水分。
3. 汤煲中注水，放入土鸡块、玉米块、姜片，大火煲开后转小火煲1小时，加入盐、鸡精、胡椒粉调味，煲至入味即可。

适用人群：一般人皆可食用。

注意事项：用嫩一些的玉米煲汤，煲出的汤会更香甜。

椰子杏仁炖鸡

补益脾胃、润肤养颜。

原材料 椰子1个，鸡500克，干银耳40克，蜜枣15克，杏仁5克

调味料 盐适量，姜片2克

做法

1. 鸡洗净，剁成块；椰子去壳取肉，洗净。
2. 银耳用清水浸透，剪去硬梗，洗净；蜜枣、杏仁分别洗净。
3. 锅中加适量清水，放入所有材料和姜片，待水开后转小火煲约2小时，放入盐调味即可。

适用人群： 此汤特别适宜男女老少于夏季食用。

注意事项： 选购椰子时，假如按下有软软的感觉，表示果实太熟，不宜购买。

银耳椰子煲鸡

消暑解燥、化痰凉血。

原材料 干银耳25克，椰子1个，鸡腿500克，红枣10克

调味料 姜片2克，盐少许

做法

1. 银耳用清水浸泡发透，洗净备用；椰子打开取汁备用。
2. 鸡腿斩块，汆烫后捞出，洗净备用；红枣去核，洗净。
3. 汤锅内加适量清水，大火煮开后放入银耳、鸡腿块、红枣、姜片，先以大火煮开，改小火继续煲3小时，待汤快煮好时加入椰子汁，并加入盐调味即可。

适用人群： 夏天流汗多、易上火、体力虚耗大者适合食用此汤。

注意事项： 要在汤快煮好时再加入椰子汁，否则会破坏椰子汁的口感。

苦瓜菠萝炖鸡

清热解毒、生津止渴。

原材料 菠萝60克，苦瓜100克，鸡肉500克

调味料 盐5克，姜片10克

做法

1. 菠萝去皮洗净，切片；苦瓜洗净，对半剖开，去籽，切厚片。
2. 鸡肉洗净，切块，汆去血水备用。
3. 锅中加适量清水烧开，放入全部材料和姜片，煲至鸡肉熟烂，加入盐调味即可。

适用人群：一般人皆可食用。

注意事项：菠萝切片后，最好用盐水浸泡一会儿，可以去掉菠萝中的菠萝蛋白酶等刺激性成分，从而保证汤品的口感。

西瓜煲鸡

消暑止渴、健脾凉血。

原材料 西瓜500克，鸡肉250克，鲜香菇200克，火腿50克，青豆100克

调味料 姜片3克，葱花20克，盐5克，花生油10毫升，生粉10克，生抽10毫升

做法

1. 西瓜去籽，分别将其红肉、白肉切粒；香菇洗净，切成粒；青豆放入沸水中烫5分钟，捞起用清水浸冷；鸡肉洗净，切成粒状，用生粉、花生油、生抽拌腌10分钟；火腿切粒。
2. 烧热油锅，爆香姜片，加入清水1 500毫升，放入西瓜白肉，煲沸后改小火煲10分钟，加入鸡肉、香菇、火腿、青豆续煲30分钟；再加入西瓜红肉，等水再沸时加适量盐和葱花调味即可。

适用人群：适宜高血压、肝炎及汗多口渴之人食用。

注意事项：西瓜宜选择新鲜、未完全熟透的。

罗汉果煲鸡胗

清热润肺、滑肠通便。

原材料 鸡胗200克，菠菜150克，罗汉果50克，鲜香菇30克，高汤250毫升

调味料 盐5克，味精3克，胡椒粉3克，姜片10克，花生油适量

做法

1. 鸡胗洗净，切成片；菠菜择洗净切段；香菇洗净，对切开；罗汉果打碎。
2. 净锅上火，注油烧至七成热时下入姜片、鸡胗爆香。
3. 锅中加入高汤，下入其余材料一起煮40分钟，加入盐、味精、胡椒粉调味即可。

适用人群： 一般人皆可食用。
注意事项： 鸡胗、姜片过油后可在开水中稍焯一下，以去油渍。

眉豆花生鸡爪汤

健脾利湿、消肿。

原材料 眉豆60克，花生60克，鸡爪400克，蜜枣15克

调味料 盐5克

做法

1. 眉豆洗净，浸泡1小时；花生去壳洗净；蜜枣洗净。
2. 鸡爪用开水略烫，撕去黄色表皮，洗净。
3. 将清水1 800毫升放入瓦煲内，煮沸后加入以上用料，大火煲沸后改小火煲2小时，加入盐调味即可。

适用人群： 适用于脾虚湿重引起的下肢及颜面水肿、头身困重者。
注意事项： 眉豆、花生都不易煲烂，所以一定要提前用水浸泡一段时间。

番茄皮蛋汤

消暑解燥、化痰凉血。

原材料 番茄150克，皮蛋120克，菠菜150克，高汤250毫升

调味料 姜5克，盐、花生油各适量

做法

1. 番茄洗净，放入沸水中稍烫，撕去外皮，对半剖开，去蒂，切成片。
2. 姜洗净切成末；皮蛋洗净，剥去蛋壳，对剖，切片；菠菜洗净，切段备用。
3. 锅中注油烧至六成热时放入皮蛋炸酥，加高汤淹过皮蛋，放入姜末，煮至汤色泛白，加入菠菜、番茄片和盐，待煮沸即可熄火盛出。

适用人群： 适用于夏季容易心烦口渴者。

注意事项： 如果怕酸，烹煮这道汤时，番茄片不宜下锅煮太久，最好汤沸就起锅。

百合冬瓜鸡蛋汤

养阴润肺、清降胃火。

原材料 百合30克，冬瓜120克，鸡蛋120克

调味料 香油、姜丝、葱末各适量，盐4克，味精5克

做法

1. 百合去杂质，洗净；冬瓜洗净，切片。
2. 鸡蛋打入碗内，搅拌均匀备用。
3. 锅内加适量清水，放入百合、冬瓜片、姜丝、葱末，大火烧沸后改小火煮10分钟，淋入鸡蛋液，最后调入盐、味精、香油即可。

适用人群： 此汤适用于各种便秘患者，对大肠积热之便秘的效果尤佳。

注意事项： 做此汤时宜选外皮带霜、翠绿、形状规则的冬瓜。

银耳竹荪蛋汤

养肝明目、滋阴润肺。

原材料 干竹荪50克，干银耳20克，鸡蛋120克

调味料 盐5克，姜片3克，葱段20克

做法

1. 银耳洗净，泡软，去蒂头，撕成小朵；鸡蛋打散备用。
2. 竹荪洗净后汆烫5分钟，去异味，切段。
3. 将银耳、竹荪入锅，加1 500毫升清水，放入姜片、葱段，以大火煮开，转中火煮10分钟后淋入蛋液，放入盐调味即可。

适用人群： 竹荪是适合所有人食用的菌类食品，想减肥的人可以常食。

注意事项： 竹荪性凉，脾胃虚寒之人不要吃得太多。

紫菜番茄鸡蛋汤

清热消脂、醒胃开胃。

原材料 番茄200克，干紫菜15克，鸡蛋120克

调味料 盐5克，花生油适量

做法

1. 番茄洗净，去蒂，切成片；紫菜浸泡15分钟，洗净。
2. 鸡蛋去壳，搅成蛋液备用。
3. 将清水800毫升放入瓦煲内，煮沸后加入花生油、番茄、紫菜，煲10分钟，倒入蛋液，略搅拌，加入盐调味即可。

适用人群： 用于高血压、高脂血症、糖尿病及口渴、小便不利者；亦可用于痰火结聚引起的淋巴结肿大及热病后胃口欠佳者。

注意事项： 本汤寒凉，脾胃虚寒者慎用。

茅根老鸭汤

清热凉血、利尿。

原材料 干白茅根30克，生地30克，薏米30克，老鸭650克，蜜枣15克

调味料 姜片2克，盐5克

做法

1. 白茅根、生地、薏米洗净。
2. 老鸭洗净，斩块，汆水；油锅烧热，用姜片炝锅，放入老鸭爆炒5分钟。
3. 瓦煲内加清水2 000毫升，煮沸后加入所有原材料，大火煲沸后改小火煲3小时，加入盐调味即可。

适用人群：肾结石、膀胱结石等患者特别适合饮用此汤。

注意事项：本汤寒凉通利，胃寒、肾虚者慎用。

山楂二皮汤

清热消暑。

原材料 山楂片20克，陈皮20克，冬瓜皮30克

调味料 白糖20克

做法

1. 将山楂片洗净。
2. 陈皮、冬瓜皮洗净，切块备用。
3. 锅内加适量清水，放入山楂片、陈皮、冬瓜皮，小火煮沸后去渣取汁，调入白糖即可。

适用人群：一般人皆可食用。

注意事项：脾胃虚弱者不宜食用过多，以免伤中气。

冬瓜皮的选购技巧：选购时以皮薄、大小均匀、表面灰绿色、味淡的为佳。

干贝老鸭汤

消暑健脾、和胃调中。

原材料 冬瓜500克，干贝50克，老鸭650克，猪瘦肉200克，陈皮15克

调味料 盐少许

做法

1. 干贝用清水泡软，洗净备用；冬瓜连皮洗净，切厚块备用；猪瘦肉和陈皮分别洗净，猪肉切片。
2. 老鸭去内脏、洗净，去鸭头和尾部，剁成块，放入沸水中汆烫5分钟，捞起，用凉水冲洗净，沥干水分。
3. 汤锅中注1 400毫升清水，先以大火煲沸，放入所有材料，改中火续煲3小时，熄火前加入盐调味即可。

适用人群：一般人皆可食用。

注意事项：干贝蛋白质含量高，一般人都能食用，但儿童、痛风病患者不宜多食。

苦瓜瘦肉汤

降血压、清热泻火、解毒。

原材料 苦瓜500克，水发海带100克，猪瘦肉250克

调味料 盐、味精各适量

做法

1. 苦瓜剖成两半，挖去瓤，切小块。
2. 海带洗净，切丝。
3. 猪瘦肉洗净，切小块。
4. 把所有材料放入砂锅，加适量清水，煲至猪瘦肉熟烂，加盐和味精调味即可。

适用人群：适合肥胖、动脉硬化、高血压患者食用。

注意事项：苦瓜切块后用水煮熟，然后放入冷水中浸泡，这样可以去除其苦味。

连翘瘦肉汤

清热解毒、生津止渴。

原材料 鱼腥草30克，金银花15克，干白茅根25克，连翘12克，猪瘦肉100克

调味料 盐5克，味精少许

做法

1. 鱼腥草、金银花、白茅根、连翘洗净。
2. 将以上材料放入锅内加水煎汁，用小火煮30分钟，去渣留汁。
3. 猪瘦肉洗净切片，放入药汤里，用小火煮熟，加入盐、味精调味即可。

适用人群：此汤可清热宣肺、化痰降气，适用于急性肺炎患者。

注意事项：挑选猪肉时，肉质颜色均匀、有光泽，不粘手，无异味的为好猪肉。

紫菜肉丝汤

原材料 粉丝20克，干紫菜10克，猪瘦肉250克，丝瓜300克

调味料 花生油10毫升，生粉3克，味精1克，老抽5毫升，盐5克，葱5克

做法

1. 猪瘦肉洗净，切丝，加花生油、盐、生粉、老抽、味精调味，腌渍30分钟。
2. 粉丝、紫菜浸泡15分钟，洗净；丝瓜去皮，切滚刀块。
3. 瓦煲内加清水1 000毫升，煮沸后加入花生油、粉丝、紫菜、丝瓜煮10分钟，放入猪瘦肉煮至肉熟，最后加入盐调味即可。

注意事项：本汤清凉，脾胃虚寒者慎用。

适用人群：本汤既能降压消脂，又能消暑清热，为高血压、高脂血症、糖尿病及肥胖者暑天的食疗佳品。

青豆煲瘦肉

补中益气、涩精实肠、健脾利湿。

原材料 青豆100克，猪瘦肉300克

调味料 盐5克，味精2克，胡椒粉3克，八角5克，姜片5克

做法

1. 青豆洗净；猪瘦肉洗净，切块。
2. 锅中注水烧沸，放入猪瘦肉块焯烫，捞出沥水。
3. 将所有材料及八角、姜片放入煲内，上火煲至猪瘦肉熟烂，加入盐、味精、胡椒粉调味即可。

适用人群：容易上火、肩背易酸痛、精神不安、常焦躁者，适合多饮此汤。

注意事项：患皮肤病及服中药期间禁食。此外，青豆中嘌呤的含量不低，不适合尿酸过高、痛风的人食用。

牛蒡猪肉汤

原材料 牛蒡300克，猪里脊肉150克，干紫菜50克，香菜25克

调味料 盐、味精、料酒、生粉、葱末、姜末、香油各适量

做法

1. 牛蒡去皮后切成细丝，放入清水中浸泡半小时，换水再泡一段时间，捞起洗净，控干水分；猪里脊肉切成丝，加入盐、味精、料酒、葱末、姜末、生粉拌匀；紫菜用清水泡开；香菜洗净切成末。
2. 锅置火上，放入适量清水和牛蒡丝烧沸，加入盐和肉丝再烧沸，撇去浮沫，改小火续煮至肉熟，加紫菜煮沸，撒入香菜，淋入香油即可。

适用人群：适合糖尿病、高血压患者于夏季食用。

注意事项：用牛蒡煲汤时一定要去掉空心的部分，因为空心部分多为烂肉，会影响汤的口感。

莲子百合瘦肉汤

养心除烦、宁心安神、润肺止咳。

原材料 猪瘦肉150克，莲子10克，干百合30克

调味料 盐、鸡精各适量

做法

1. 猪瘦肉洗净，切片，用盐腌制5分钟；莲子、百合洗净，泡发。
2. 将所有材料放入炖盅内，加入开水，用中火隔水蒸1小时。
3. 加入盐、鸡精调味即可。

适用人群：心悸失眠、食欲不振、面色苍白、精神疲乏、舌头淡红者可多饮用此汤。

注意事项：莲子在煲汤前一定要把莲心去掉，这样汤才不会苦。

苦瓜软骨汤

清热退热、美容养颜。

原材料 猪软骨180克，苦瓜150克

调味料 盐5克，鸡精6克

做法

1. 软骨切条汆水，苦瓜去瓤切块。
2. 将所有原材料装入炖盅内，加适量清水用中火隔水蒸2小时。
3. 加入盐、鸡精调味即可。

适用人群：孕妇和儿童应少吃苦瓜。

注意事项：过分成熟的苦瓜虽然苦味较少，但肉质变差，食味较差，稍煮即烂，容易失去它本来的风味，因此不宜选购。

猪骨豆腐汤

清热润燥。

原材料 猪骨600克，豆腐350克，马蹄100克

调味料 盐5克，花生油适量

做法

1. 猪骨（以脊骨、排骨为佳）斩块，放入盐腌渍4小时，洗净。
2. 豆腐用盐水浸泡1小时，沥干水分；锅里放花生油，将豆腐两面煎至金黄色。
3. 马蹄去皮，洗净。
4. 将清水2 000毫升放入瓦煲内，煮沸后加入以上材料，大火煲沸后改小火煲3小时，加少许盐调味即可。

适用人群：适合因胃火炽盛引起的胸闷烦渴、咽喉肿痛、咳嗽、牙痛、口腔溃疡、口干口苦、便结者饮用。

注意事项：本汤性凉，胃寒、肺虚者慎用。

土牛膝炖猪蹄

活血调经，祛淤疗伤，改善闭经、痛经。

原材料 猪蹄300克，土牛膝15克，番茄120克

调味料 盐3克

做法

1. 猪蹄去净毛，剁成块，放入沸水中汆烫，捞起用清水洗净。
2. 番茄洗净，在表皮轻划数刀，放入沸水中烫至皮翻开，捞起去皮，切块。
3. 将备好的材料和土牛膝一起放入锅中，加适量清水以大火煮沸，然后转小火续煮30分钟，加盐调味即可。

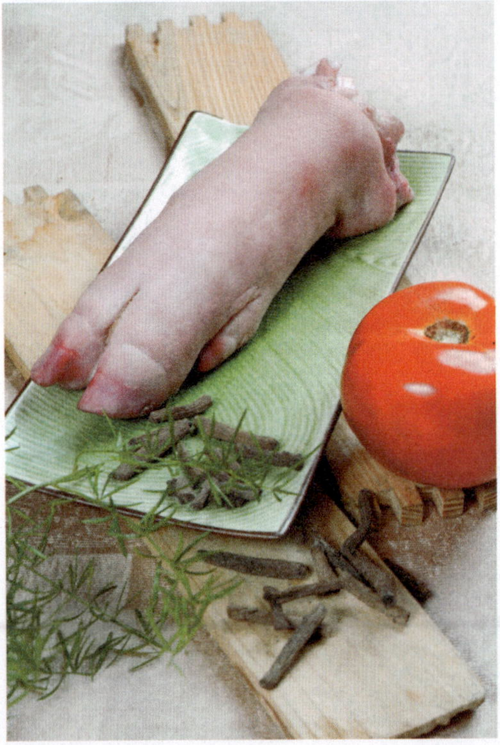

适用人群：一般人皆可食用。

注意事项：孕妇、月经过多者、肾虚滑精者、脾虚溏泻者忌用土牛膝。

番茄莲子咸肉汤

清热润燥、健胃生津。

原材料 猪瘦肉100克，番茄200克，胡萝卜30克，莲子25克

调味料 花生油少许，盐5克，葱20克

做法

1. 猪瘦肉洗净，抹干水，整块用盐擦匀，腌渍12小时，即为咸肉，洗净切小块。
2. 番茄洗净，切块；胡萝卜去皮，洗净，切厚块；葱洗净，切花；莲子洗净，去莲心。
3. 将咸肉、胡萝卜、莲子放入清水锅内，大火煮沸后改小火煲20分钟，加入番茄再煲5分钟，放入葱花，加入花生油、盐调味即可。

适用人群：一般人皆可食用。

注意事项：中满痞胀、大便燥结者慎食此汤。

鸡骨草煲猪骨

清热泻火、解表退热。

原材料 鸡骨草30克，猪脊骨600克，蜜枣15克

调味料 盐5克

做法

1. 鸡骨草洗净，浸泡30分钟。
2. 猪脊骨斩件，洗净，汆水；蜜枣洗净。
3. 将清水1 800毫升注入瓦煲内，煮沸后加入以上用料，大火煲沸后改用小火煲2小时，加入盐调味即可。

适用人群：用于风热感冒，或因感冒引起的发热、头痛、久热不退、尿少、尿黄者。

注意事项：本汤性凉，体虚发热者慎用。

猪骨玉米汤

健脾开胃、滋阴润燥。

原材料 猪骨600克，胡萝卜、玉米各300克，马蹄50克

调味料 冰糖适量

做法

1. 猪骨斩段，放入开水中汆烫，捞出，洗净备用。
2. 玉米洗净，切小段；胡萝卜去皮，洗净，切块；马蹄去皮，洗净备用。
3. 锅中加1 600毫升清水烧开，放入所有材料，大火煮沸，再改小火慢煲2.5小时，待汤色转为浅白色时加入冰糖调味即可。

适用人群：一般人皆可食用。

注意事项：煲汤最好用嫩玉米，煲出来的汤才会鲜美香甜。

竹荪排骨汤

清热祛火。

原材料 排骨200克，干竹荪20克

调味料 鸡精1克，盐2克

做法

1. 竹荪洗净泡好待用；排骨斩成小块，洗净，焯水。
2. 将排骨、竹荪放入炖盅内，加适量清水上笼蒸2个小时。
3. 加入鸡精、盐调味即可。

适用人群：一般人皆可食用。

注意事项：竹荪头部有恶臭，所以烹调之前一定要先去掉这个部分。

黑豆猪蹄汤

原材料 莲藕750克，黑豆100克，猪蹄300克，当归10克，红枣15克

调味料 盐少许

做法

1. 莲藕用清水洗净，去皮，切块；猪蹄刮净细毛，斩大块，放入开水中煮5分钟，捞起，用清水洗干净。
2. 黑豆放入炒锅中，炒至豆衣裂开，再用清水洗干净，沥干水分；当归、红枣分别用清水洗净，红枣去核。
3. 瓦煲内加适量清水，先用大火煲至水开，然后放入全部材料，待水再开，改中火续煲3小时，加入盐调味即可。

适用人群： 血气不足、身体虚弱、形体消瘦、精神不振、面色苍白、毛发枯槁者可用本汤食疗。

注意事项： 感冒未愈、燥热咳嗽的人不宜多食用本汤。

生地茯苓脊骨汤

清热凉血、解毒利湿。

原材料 生地50克，茯苓50克，猪脊骨700克，蜜枣25克

调味料 盐5克

做法

1. 生地、茯苓洗净，浸泡1小时。
2. 蜜枣洗净；猪脊骨斩块，洗净，汆水。
3. 将清水2 000毫升放入瓦煲内，煮沸后加入以上材料，大火煲沸后改小火煲3小时，加入盐调味即可。

适用人群： 有痈疮肿毒、湿疹皮炎、痔疮、粉刺、痤疮等血热者于夏季多食用此汤。

注意事项： 本汤性寒凉，胃寒、脾虚泄泻者慎食。

黄豆脊骨汤

清热气、解疮毒。

原材料 夏枯草20克，黄豆50克，猪脊骨700克，蜜枣25克

调味料 盐5克

做法

1. 夏枯草洗净，浸泡30分钟；黄豆洗净，浸泡1小时。
2. 猪脊骨斩块，洗净，汆水；蜜枣洗净。
3. 将清水1 600毫升放入瓦煲内，煮沸后加入以上用料，大火煲沸后改小火煲2小时，加入盐调味即可。

适用人群：痤疮、红眼病、高血压患者可多食用此汤。

注意事项：本汤性凉，胃寒者慎用。

猴头菇煲龙骨

滋阴壮阳、美容保健。

原材料 鲜猴头菇100克，龙骨30克

调味料 盐5克，味精2克，胡椒粉3克，料酒10毫升，姜片5克

做法

1. 龙骨洗净，斩块；猴头菇洗净，切片。
2. 锅中注水烧开，放入龙骨焯烫，捞出沥干水分。
3. 将猴头菇、龙骨、姜片、料酒放入汤煲中，加适量清水煲1小时，调入其余调味料即可。

适用人群：一般人皆可食用。

注意事项：猪龙骨过水时一定要煮至血水完全出来。

党参猪腰汤

温肾润燥、益气生津。

原材料 猪腰200克，马蹄150克，党参100克

调味料 盐5克，料酒少许，花生油适量

做法

1. 猪腰洗净，剖开，切去白筋膜，切片，用料酒、花生油、盐拌匀。
2. 马蹄去皮，洗净；党参洗净，切段。
3. 马蹄、党参放入锅内，加适量清水，大火煮沸后改小火煮30分钟，加入猪腰，再煲10分钟，加入盐调味即可。

适用人群：一般人皆可食用。

注意事项：猪腰一定要洗干净，否则汤中会有异味。

生地绿豆乳鸽汤

清热凉血、解毒消疮。

原材料 生地50克，绿豆50克，乳鸽150克，蜜枣15克

调味料 盐3克

做法

1. 生地、绿豆洗净，浸泡1小时。
2. 乳鸽去毛、肠脏，洗净斩块；蜜枣洗净。
3. 瓦煲内加清水2 000毫升，煮沸后加入所有材料，大火煲沸后改小火煲3小时，加入盐调味即可。

适用人群：适合血小板减少性皮下出血，身发红疹、痤疮、粉刺、热痱等血热湿毒者饮用。

注意事项：本汤性寒，脾胃虚寒者慎用。

枸杞叶猪肝汤

补血健脾、养肝明目。

原材料 猪肝200克，鲜枸杞叶10克，黄芪5克，沙参3克

调味料 盐适量

做法

1. 猪肝洗净，切成薄片；枸杞叶洗净；沙参、黄芪浸透，切段。
2. 将沙参、黄芪加水熬成药液。
3. 药液中下入猪肝片、枸杞叶，煮5分钟后调入盐即可。

适用人群：此汤滋阴补肾、明目悦色、乌发健身，凡视物不明、须发早白、体虚消瘦、脸色无华者可用此汤进行食疗。

注意事项：高血压、冠心病、肥胖症、高脂血症患者应忌食猪肝。

猪肠核桃汤

益气补血、润肠通便。

原材料 猪肠200克，核桃仁60克，熟地30克，红枣25克

调味料 姜丝、葱段、料酒、盐各适量

做法

1. 将猪肠漂洗干净，放入沸水中汆2~3分钟，捞出切块；核桃仁捣碎。
2. 红枣去核洗净，备用；熟地用干净纱布包好。
3. 锅内加适量清水，放入猪肠、核桃仁、纱布袋、红枣、姜丝、葱段、料酒，用大火烧沸后改小火煮40~50分钟，拣出纱布袋，调入盐即可。

适用人群：适用于老年人或病后津液不足、肠燥便秘或素有肝肾阴虚之热结便秘者，以及习惯性便秘者。

注意事项：凡脾虚湿盛、大便溏泻、痰热咳喘者不宜服用本汤。

菜干煲猪肺

补肺润燥。

原材料 菜干50克，猪肺500克，枸杞10克

调味料 盐5克，味精2克，胡椒粉3克，姜片5克

做法

1. 猪肺洗至白色后切成块；菜干用清水浸透，洗净，切段；枸杞洗净。
2. 锅中注水烧开，放入猪肺块、姜片煮5分钟，捞起放入煲中，用大火煲沸。
3. 加入其余材料，待再次煮开后改中火继续煲3小时左右，加入盐、味精、胡椒粉调味即可。

适用人群：一般人皆可食用。

注意事项：猪肺一定要清洗干净。

玉米猪肚汤

补脾益胃。

原材料 猪肚200克，玉米200克

调味料 盐、味精各适量，姜片2克

做法

1. 猪肚洗净，切块，焯水；玉米切段。
2. 将所有原材料和姜片放入炖盅内，加入开水，用中火蒸2小时。
3. 加入盐、味精调味即可。

适用人群：一般人皆可食用。

注意事项：煮猪肚时，千万不能先放盐，等煮熟后吃时再放盐，否则猪肚会缩得像牛筋一样硬。玉米发霉后能产生致癌物，所以发霉的玉米绝对不能食用。

甘草红枣炖鹌鹑

清肝泻火。

原材料 鹌鹑150克，甘草10克，猪瘦肉30克，红枣25克

调味料 盐4克，味精2克，姜片3克

做法

1. 甘草、红枣入清水中浸透，洗净。
2. 猪瘦肉洗净，切成小方块；鹌鹑宰杀，洗净，与猪瘦肉一起入沸水中汆去血沫后捞出。
3. 将所有材料与姜片一起装入炖盅内，加适量清水，放入备好材料炖40分钟，调入盐、味精即可。

适用人群：适用于身体虚弱、头晕眼花、夜尿频繁、终日精神颓丧的阳虚体弱者。

注意事项：肝火炽盛、阳强易举者忌服。

小白菜鲤鱼汤

清热润肺、化痰利尿。

原材料 小白菜200克，鲤鱼200克，猪瘦肉100克，猪龙骨200克，红枣50克

调味料 盐5克，味精3克，姜片5克

做法

1. 鲤鱼去鳞、内脏，斩段；小白菜洗净，切段；红枣去核，洗净。
2. 猪瘦肉洗净，切成厚块；猪龙骨斩成段；将猪龙骨、猪瘦肉一起汆水。
3. 将1 300毫升清水放入瓦煲内，煮沸后加入姜片和所有原材料，大火煲沸后改小火煲2小时，加入盐、味精调味即可。

适用人群：一般人均可食用。

注意事项：咳嗽者不宜食用。

鸡骨草猪胰蜜枣汤

清肝泻火。

原材料 鸡骨草30克，猪胰500克，猪瘦肉150克，蜜枣25克

调味料 盐5克

做法

1. 鸡骨草洗净，浸泡30分钟；猪胰洗净，焯水，去除表面黏膜。
2. 猪瘦肉洗净，切块，焯水；蜜枣洗净。
3. 将清水1 800毫升注入瓦煲内，煮沸后加入以上材料，大火煲沸后改小火煲2小时，加入盐调味即可。

适用人群： 肝功能异常、胆囊炎、烟酒过多者，或因频繁熬夜引起胸肋不适、倦怠口苦、烦躁易怒、食欲欠佳者可多食用此汤。

注意事项： 本汤性凉，脾胃虚寒者慎用。

当归乳鸽汤

润肤养颜、散郁调肝。

原材料 当归10克，桑白皮10克，白蒺藜10克，乳鸽100克

调味料 盐5克，味精3克

做法

1. 乳鸽去头、爪和内脏，斩成小块。
2. 所有中药材冲净入锅，加适量清水，以大火煮沸后转小火煮至约剩2碗水的量。
3. 乳鸽放入药汁内，用中火炖煮约1小时，加入盐、味精调味即可。

适用人群： 一般人均可食用。

注意事项： 肾功能衰竭者应尽量少喝或不喝此汤。鸽肉营养丰富，但不宜油炸，因为油炸会降低其营养价值。

清炖黄颡鱼

利小便、消水肿、发痘疹、醒酒。

原材料 黄颡鱼500克

调味料 盐5克，味精2克，胡椒粉3克，姜15克，葱10克

做法

1. 黄颡鱼宰杀，洗净；葱择洗净，切段；姜去皮，切片。
2. 砂锅中注水烧开，放入黄颡鱼、姜片煮开，转小火煲15分钟。
3. 撒上葱段，加入其余调味料调味即可。

适用人群： 一般人皆可食用。

注意事项： 黄颡鱼为发物，有痼疾宿病之人，如支气管哮喘、淋巴结核、癌肿、红斑性狼疮、顽固瘙痒性皮肤病者忌食或谨慎食用。

柠檬红枣炖鲈鱼

止咳化痰、生津止渴。

原材料 鲈鱼500克，红枣40克，柠檬60克，香菜少许

调味料 姜片2克，葱40克，盐少许

做法

1. 鲈鱼洗净，去鳞、鳃、内脏，切块；红枣用水泡软，去核；柠檬切片。
2. 葱洗净，切段；香菜洗净，切末。
3. 汤锅内倒入1 500毫升清水，加入红枣、姜片、柠檬片，以大火煲沸，放入葱段及鲈鱼，改中火继续煲半小时至鲈鱼熟透，加入盐调味，撒入香菜即可。

适用人群： 适宜夏季食欲不振者食用。

注意事项： 鲈鱼不宜与奶酪同食，否则会发疮肿。

人参莲子牛蛙汤

清热安神、补虚固精。

原材料 牛蛙100克，莲子150克，人参片10克，甘草5克

调味料 盐、香油各适量

做法

1. 人参片、甘草略冲洗，装入棉布袋，扎紧袋口。
2. 莲子洗净，与棉布袋一起放入锅中，加清水1 200毫升，以大火煮开后转小火煮30分钟。
3. 牛蛙宰杀，洗净，剁块，放入药汤内煮至熟，捞起棉布袋，加入盐、香油调味即可。

适用人群：有忧郁焦躁倾向者，或酒食过度、神疲乏力、眼神空洞者，食用此汤能解忧除烦，调节生理机能。

注意事项：莲子性涩，易收涩敛邪，脘腹痞胀、大便秘结者及患外感病前后者慎食。

鱼头花生汤

健脾补肾、润肤养颜。

原材料 鱼头500克，花生仁100克

调味料 姜片5克，油、盐、味精各适量

做法

1. 将鱼头去鳃后开边，清洗干净。
2. 将花生仁用清水浸泡约20分钟，洗净。
3. 锅上火，加油烧热，将鱼头煎至微黄。
4. 将姜片、鱼头、花生仁同放入适量开水中，用中火煲至花生熟，加盐、味精调味即可。

适用人群：此汤适合脾虚肾亏者食用。

注意事项：此汤口味不宜过重，盐放少许即可。

四神汤

补气健脾、养心益肾。

原材料 薏米100克，莲子100克，芡实50克，干山药10克，黄豆芽200克

调味料 盐、花生油各适量

做法

1. 薏米、莲子、芡实、山药洗净，泡水约2小时。
2. 将上述所有材料放入砂锅，加适量清水，以小火煲2小时。
3. 黄豆芽洗净，先用少许油炒软，然后加入汤中，续煲1小时，加入盐调味即可。

适用人群：一般人皆可食用。

注意事项：脾胃虚寒者忌服。薏米一定要先泡水，这样才容易煮烂，便于营养溶到汤中，更利于人体吸收。

田七红枣汤

清肺益气、散淤生新。

原材料 水发黑木耳150克，田七15克，红枣55克

调味料 盐适量，姜片2克

做法

1. 红枣洗净，去核。
2. 水发黑木耳撕成小朵洗干净；田七洗净，打碎。
3. 将上述材料和姜片入锅，加入2 000毫升清水，大火煮沸后转中火再煮2小时左右，最后加入盐调味即可。

适用人群：此汤非常适合肥胖、手脚冰冷及面部有黑斑之人于夏季进补用。

注意事项：黑木耳有降低性欲的作用，故性冷淡、阳痿患者及孕妇不宜食用。

丝瓜牛蛙汤

清热解毒。

原材料 丝瓜450克，粉丝50克，牛蛙400克

调味料 砂糖5克，味精1克，盐5克，姜丝5克，花生油5毫升，生粉3克

做法

1. 丝瓜去皮，切块；粉丝泡发洗净。
2. 牛蛙去皮、内脏，洗净，斩件，用花生油、姜丝、生粉、砂糖、盐、味精调味，腌渍30分钟。
3. 将清水800毫升注入瓦煲内，煮沸后放入粉丝、丝瓜，煮至丝瓜熟后放入牛蛙，小火将牛蛙煲熟，加入盐调味即成。

适用人群：适用于暑天烦渴、尿少者。
注意事项：丝瓜汁水丰富，宜现切现做，以免营养成分随汁水流走。

鲜百合竹荪牛蛙汤

清热解毒。

原材料 鲜百合200克，干竹荪100克，干银耳15克，牛蛙500克

调味料 花生油10毫升，砂糖5克，生粉3克，姜丝5克，盐5克

做法

1. 鲜百合剥成片状，洗净；竹荪泡发洗净。
2. 银耳浸泡，去除蒂部硬结，撕成小朵，洗净。
3. 牛蛙去头、皮、肠脏，洗净斩件，用花生油、砂糖、生粉、姜丝、盐拌匀，腌渍30分钟。
4. 将清水1 000毫升放入瓦煲内，煮沸后放入花生油、鲜百合、银耳、竹荪煲20分钟，再放入牛蛙，煮至牛蛙熟透，加入盐调味即可。

适用人群：一般人皆可食用。
注意事项：本汤性凉，胃寒、肺虚者慎用。牛蛙肉中容易有寄生虫卵，因此一定要煮至熟透。

木瓜粉丝牛蛙汤

清热解毒。

原材料 木瓜450克，粉丝50克，牛蛙400克

调味料 花生油5毫升，生粉3克，糖5克，味精1克，盐5克，姜丝5克

做法

1. 木瓜去皮、籽，切成块；粉丝泡发洗净。
2. 牛蛙去皮、内脏，洗净，斩件，用花生油、姜丝、生粉、砂糖、盐、味精拌匀，腌渍30分钟。
3. 将清水800毫升放入瓦煲内，煮沸后放入粉丝、木瓜，煮至木瓜熟后放入牛蛙，小火将牛蛙煮熟，加入盐调味即可。

适用人群：一般人皆可食用。

注意事项：要选择果皮完整、颜色亮丽、无损伤的木瓜，这样才能保证汤的口感。

冬瓜草菇鲜虾汤

清热解暑、解热利尿。

原材料 冬瓜200克，干贝20克，虾130克，鲜草菇100克

调味料 盐5克，鸡精3克，姜片5克，花生油适量

做法

1. 冬瓜去皮，切成片；干贝泡发；草菇洗净，对切。
2. 虾剥去壳，挑去泥肠，洗净。
3. 净锅上火注油烧热，爆香姜片，加适量清水、冬瓜、干贝、虾、草菇煮熟，用盐、鸡精调味即可。

适用人群：一般人皆可食用。

注意事项：虾一定要去尽泥肠，否则汤会有腥味。

苦瓜黄豆牛蛙汤

清心降火、明目宁神。

原材料 苦瓜400克，黄豆50克，牛蛙500克，红枣25克

调味料 盐5克

做法

1. 苦瓜去瓤，切成小段，洗净；牛蛙去头、皮、内脏，洗净，斩块。
2. 将苦瓜、黄豆一起入沸水中焯后捞出；红枣去核洗净。
3. 将清水1 600毫升注入瓦煲内，煮沸后加入以上材料，大火煮沸后改小火煲2小时，加入盐调味即可。

适用人群：夏季易上火、口苦咽干、烦躁易怒、口舌生疮、注意力不集中、记忆力下降者可多食用此汤。

注意事项：本汤性寒凉，脾胃虚寒者慎用。

南瓜牛蛙汤

化痰排脓、清热解毒。

原材料 牛蛙250克，南瓜500克

调味料 盐5克，味精3克，大蒜100克，葱25克

做法

1. 牛蛙去内脏，剥皮，洗净，切块；南瓜去皮洗净，切块；大蒜去皮，洗净。
2. 牛蛙入沸水中汆烫；葱洗净，切段。
3. 锅内加适量清水烧开，放入牛蛙、大蒜、南瓜，小火煲30分钟，加入葱、盐、味精调味即可。

适用人群：一般人均可食用。

注意事项：患有黄疸型肝炎、脚气等症的患者不能食用。

生地黄精甲鱼汤

滋阴清热、凉血止血。

原材料 生地30克，黄精20克，甲鱼500克，蜜枣15克

调味料 盐3克

做法

1. 生地、黄精洗净，浸泡1小时。
2. 甲鱼与清水一同放入煲内，加热至水沸鱼死，撕去四肢表皮，去肠脏，洗净，斩件；蜜枣洗净。
3. 将清水2 000毫升注入瓦煲内，煮沸后加入以上材料，大火煲沸后改小火煲3小时，加入盐调味即可。

适用人群：肺结核、支气管扩张、过敏性紫癜及其他出血性疾病、消瘦、盗汗者可用此作食疗。

注意事项：脾胃虚寒及气不摄血之出血者不宜服用本汤。

海带金针菇鳝鱼汤

强身补虚。

原材料 鳝鱼500克，水发海带150克，金针菇150克

调味料 花生油适量，盐5克，鸡精3克

做法

1. 鳝鱼宰杀洗净，切成丝；金针菇择洗净；水发海带洗净，切丝。
2. 净锅上火注油烧热，下入鳝丝爆香。
3. 另起锅，加适量清水，水开后下鳝鱼丝、金针菇、海带丝煮15分钟，用盐、鸡精调味即可。

适用人群：一般人皆可食用。

注意事项：爆黄鳝时可加少许陈醋，以去腥增香。

蝉蜕冬瓜汤

清热养阴、消暑退热。

原材料 冬瓜2 000克，蝉蜕15克，麦冬20克，鲜扁豆30克，红豆30克，蜜枣20克

调味料 盐5克

做法

1. 蝉蜕洗净，浸泡30分钟。
2. 麦冬、红豆洗净，浸泡1小时。
3. 蜜枣洗净；冬瓜连皮洗净，切成大块；扁豆洗净，择去老筋，切段。
4. 将清水2 000毫升注入瓦煲内，煮沸后加入以上材料，大火煲沸后改小火煲3小时，加入盐调味即可。

适用人群：小儿夏季低热不退或发热可多食用此汤。

注意事项：本汤较为寒凉，肺虚、脾胃虚弱者慎食。

马蹄莲藕茅根汤

健脾益胃、补心养血。

原材料 马蹄200克，莲藕200克，鲜白茅根50克

调味料 盐少许

做法

1. 马蹄、莲藕洗净，去皮切块；白茅根洗净，切碎备用。
2. 锅内加适量清水，放入马蹄块、莲藕块、白茅根，大火烧沸后改小火煮20分钟，加入盐调味即可。

适用人群：一般人皆可食用。

注意事项：白茅根用水冲洗即可，不宜用水浸洗，以免使其药效、营养降低。

枸杞猪肝鸭胗汤

补肾肝、益精血。

原材料 猪肝100克，鸭胗30克，枸杞10克

调味料 花生油、盐各适量

做法

1. 将枸杞去除杂质，洗净。
2. 猪肝、鸭胗洗净，切片，用花生油、盐拌匀。
3. 将所有材料放入炖盅内，加适量清水，蒸3小时，加入盐调味即可。

适用人群：此汤适合有潮热、尿少而清长之人食用。

注意事项：高胆固醇、高血压及冠心病患者少食。

红枣党参牛肉汤

补气健脾、养心安神、强身壮体。

原材料 红枣40克，党参10克，牛肉250克

调味料 姜适量，盐5克

做法

1. 红枣用清水洗净，去核。
2. 姜洗净，刮去姜皮，切2片。
3. 党参、牛肉分别用清水洗净，牛肉切块。
4. 将以上材料一起放入炖盅内，小火隔水蒸30分钟后调入盐即可。

适用人群：此汤适合身体虚弱、食欲不振之人食用。

注意事项：消化力弱的人不宜多吃。

海带胡萝卜海蜇汤

理气化痰、降脂减肥。

原材料 水发海带50克，胡萝卜100克，海蜇皮50克

调味料 盐适量

做法

1. 海带洗净，切段；胡萝卜去皮切块；海蜇皮洗净，切丝。
2. 将上述所有材料一起放入炖盅，放适量清水，炖2小时至胡萝卜软熟，最后加入盐调味即可。

适用人群：此汤适宜单纯性肥胖伴有痰多、舌苔厚者食用。

注意事项：脾胃气滞、食少便溏者忌服。

远志菖蒲鸡心汤

通心窍、散气郁、镇静催眠。

原材料 鸡心300克，胡萝卜150克，远志15克，石菖蒲15克

调味料 盐5克，葱5克

做法

1. 将远志、石菖蒲装入棉纱袋内扎紧。
2. 鸡心入开水中汆烫，捞出备用。
3. 胡萝卜洗净，切片；葱洗净，切段。
4. 将所有材料放入炖盅内，加适量清水蒸40分钟，加入盐调味即可。

适用人群：一般人均可食用。

注意事项：高胆固醇、高血压和冠心病患者应少食。

乌梅姜汤

和胃止呕、生津止渴。

原材料 干乌梅30克，姜20克

调味料 白糖适量

做法

1. 将乌梅洗净；姜洗净，切片备用。
2. 砂锅内加入适量清水，再放入乌梅、姜片。
3. 大火烧沸后再改小火煮20分钟，以白糖调味即可。

适用人群：血气不足、身体虚弱、形体消瘦、精神不振、面色苍白、毛发枯槁者可用本汤食疗。

注意事项：感冒未愈、燥热咳嗽者不宜多食此汤。

腐竹马蹄汤

清热解毒、滑肠通便。

原材料 发菜25克，腐竹50克，豆豉300克，马蹄600克

调味料 姜片3克，盐少许

做法

1. 发菜用清水浸软，洗净；腐竹用清水浸软，洗净，切段备用。
2. 马蹄去皮，用清水洗净，切块；豆豉用温水洗净。
3. 瓦煲内注入适量清水，放入姜片、发菜、马蹄和豆豉，先用中火煲90分钟，加入适量盐，再放入腐竹续煲20分钟，以少许盐调味即可。

适用人群：非常适合爱美人士在夏季食用。

注意事项：干腐竹较脆，切时容易有碎末，所以必须先泡软。

菊花绿豆汤

清热止渴、平肝明目。

原材料 鲜枸杞叶100克，干菊花15克，绿豆30克

调味料 冰糖适量

做法

1. 绿豆洗净，用清水浸约半小时；枸杞叶、菊花洗净。
2. 把绿豆放入锅内，加入适量清水，大火煮沸后改小火煮至绿豆烂。
3. 加入菊花、枸杞叶、冰糖，再煮5~10分钟即可。

适用人群：此汤适宜风热感冒、头痛者食用。
注意事项：绿豆先浸泡，更易煲熟，可节省烹饪时间。

炖三雪

润肤润燥、清热润肺。

原材料 白果15克，干银耳15克，干百合15克

调味料 冰糖适量

做法

1. 百合洗净，用水泡发；白果去壳、皮、心洗净。
2. 银耳用水泡发，去蒂，撕成小朵备用。
3. 将所有材料放入炖盅内，加适量清水和冰糖，以小火隔水炖1小时即可。

适用人群：此汤对老幼病弱，特别是手术后患者和产妇疗效最好。
注意事项：不要选购颜色太白的银耳，因为那多是用硫黄熏制后的产品，食用后对身体有害。

第七章

秋季宜喝的养生汤

秋季天气干燥，人体会出现一系列干燥症状，如皮肤干燥、毛发不荣、口干，甚至咽喉肿痛、痰中带血、大便秘结等。要减轻秋燥症状或防止秋燥的发生，我们应该多喝些生津养阴、滋润多汁的汤水，这些汤水可以滋润我们的肌肤和内脏，减轻干燥气候对机体的伤害。

玄参麦冬瘦肉汤

清热泻火、利咽。

原材料 玄参25克，麦冬25克，猪瘦肉500克，蜜枣25克

调味料 盐5克

做法

1. 玄参、麦冬洗净，浸泡1小时。
2. 猪瘦肉洗净，切块，汆水；蜜枣洗净。
3. 将清水1 800毫升注入瓦煲内，煮沸后加入以上材料，大火煲沸后改小火煲3小时，加入盐调味即可。

适用人群：因烟酒过多或频繁熬夜而导致咽喉肿痛、风火牙痛、口干声嘶、心烦口渴者可多食用此汤。

注意事项：本汤寒凉，胃寒、脾虚泄泻者慎用。

甘蔗茅根瘦肉汤

清热生津、利尿解酒。

原材料 甘蔗500克，鲜白茅根30克，马蹄100克，猪瘦肉500克，蜜枣15克

调味料 盐5克

做法

1. 甘蔗洗净，切成小段。
2. 鲜白茅根、蜜枣洗净；马蹄去皮，洗净；猪瘦肉切块，汆水，洗净。
3. 将清水2 000毫升放入瓦煲内，煮沸后加入以上材料，大火煲沸后改小火煲3小时，加入盐调味即可。

适用人群：用于烟酒过多引起的烦热、口渴、咽痛声嘶、尿黄或尿少刺痛者。

注意事项：脾胃虚寒者不宜服用本汤。

海底椰参贝瘦肉汤

益气养阴、清肺化痰。

原材料 海底椰150克（干品15克），太子参10克，川贝母10克，猪瘦肉400克，蜜枣15克

调味料 盐5克

做法

1. 海底椰洗净；太子参洗净，切片。
2. 川贝母洗净，打碎；猪瘦肉洗净，汆水；蜜枣洗净。
3. 将所有材料放入炖盅内，加开水700毫升，加盖，隔水炖4小时，加入盐调味即可。

适用人群：用于气阴两虚引起的咳嗽、口干、烦渴、气短多汗者。

注意事项：本汤所用的太子参虽有益气之功效，但海底椰、川贝母均为寒凉之品，故肺虚寒咳、痰白清稀者慎用此汤。

蜜枣海底椰瘦肉汤

消食化积、滋阴润肺。

原材料 蜜枣20克，海底椰100克（干品10克），苹果150克，猪瘦肉300克

调味料 盐适量

做法

1. 将蜜枣、海底椰洗净；苹果洗净，去皮、核，切块。
2. 猪瘦肉洗净，切块，入沸水中汆烫。
3. 将全部材料放入砂锅中，加适量清水，大火煮沸10分钟后改小火煲2小时，加入盐调味即可。

适用人群：津少口渴、脾虚泄泻者适合食用。

注意事项：好的海底椰色泽白净，每一刨片都较长，选购时需注意。

豆蔻瘦肉汤

利水通淋、清热解毒。

原材料 板蓝根15克，白豆蔻8克，车前子15克，猪瘦肉100克，红枣80克

调味料 盐适量

做法

1. 板蓝根、白豆蔻、车前子、红枣洗净。
2. 猪瘦肉洗净，切块，入沸水中汆烫。
3. 将除白豆蔻外的材料放入瓦煲内，加适量清水，大火煮沸后改小火煲2小时，放入打碎的白豆蔻，再煮10分钟，加入盐调味即可。

适用人群：初秋时节，脾胃不和、不思饮食、胸闷不饥等患者适合食用。

注意事项：白豆蔻用时一定要打碎，否则影响功效。

杏仁萝卜猪腱汤

消食化积、生津止咳。

原材料 白萝卜200克，罗汉果50克，猪腱肉200克，杏仁25克

调味料 盐适量，姜15克

做法

1. 猪腱肉切块，放入开水中氽一下，捞出冲洗干净。
2. 白萝卜去皮，切块；罗汉果打碎；杏仁洗净。
3. 锅内烧适量清水，水开后加入所有材料及姜片，待水再开后改小火煲约2小时，加入盐调味即可。

适用人群：咽喉不利、咯血、便血者适合食用此汤。

注意事项：猪腱肉不要切大块，以免不易煮熟、煮烂。

川贝脊骨汤

清肺化痰、止咳。

原材料 川贝母15克，干鱼腥草30克，猪脊骨750克，蜜枣25克

调味料 盐5克

做法

1. 川贝母洗净，打碎；鱼腥草洗净，浸泡30分钟，放入纱布袋中。
2. 蜜枣洗净；猪脊骨斩块，洗净汆水。
3. 将清水2 000毫升注入瓦煲内，煮沸后加入以上材料，大火煲沸后改小火煲3小时，加入盐调味即可。

适用人群：用于上呼吸道感染后期，或支气管炎者。

注意事项：脾虚便溏、咳痰清稀者不宜食用。

牛蒡排骨汤

降低血糖、滋阴壮阳、健胃祛病。

原材料 猪排骨500克，牛蒡20克

调味料 盐5克，味精3克

做法

1. 排骨洗净，斩成小段；牛蒡洗净，切段。
2. 锅中注水烧沸，放入排骨段焯去血水，捞出洗净。
3. 将排骨段、牛蒡一起放入炖盅内，加适量清水，隔水炖1小时，加入盐、味精调味即可。

适用人群：一般人皆可食用。

注意事项：此汤要先用小火炖，再转大火。

益母草鸡汤

通淤滞、祛肝郁。

原材料 公鸡肉500克，红花6克，干月季花6克，益母草15克

调味料 盐5克，香油5克，冰糖适量，姜片5克

做法

1. 先将红花、月季花、益母草投入砂锅内，加适量清水，用小火煲30分钟。
2. 除去药渣，滤出药汁待用。
3. 公鸡肉斩块，放入汤锅中，加入姜片，倒入药汁，以小火煲至肉烂为止。
4. 调入盐和冰糖，食时淋入香油即可。

适用人群：对痛经、小便不利、高血压、中风、冠心病、心绞痛者均有疗效。

注意事项：血虚无淤者慎用。

生地煲龙骨

清热凉血、养阴生津。

原材料 龙骨500克，生地20克

调味料 姜20克，盐5克，味精3克

做法

1. 龙骨洗净，斩成小段；生地洗净。
2. 锅中注水烧沸，下入龙骨段，焯去血水后捞出沥水。
3. 取一炖盅，放入龙骨、生地、姜和适量清水，隔水炖45分钟，调入盐、味精即可。

适用人群：一般人皆可食用。

注意事项：生地性寒而滞，脾虚湿滞、腹满便溏者不宜食用。

玉米龙骨汤

清热补钙。

原材料 龙骨500克，玉米400克

调味料 姜10克，盐、鸡精各适量

做法

1. 龙骨洗净，斩块，焯水；玉米切段。
2. 将所有原材料和姜片放入炖盅内，用中火隔水蒸2小时。
3. 加入盐、鸡精调味即可。

适用人群：一般人皆可食用。

注意事项：选龙骨时最好选带骨髓的。

二冬骶骨汤

滋阴补髓、颐养容颜。

原材料 天冬15克，麦冬15克，熟地25克，生地25克，人参10克，猪骶骨200克

调味料 盐适量

做法

1. 麦冬、天冬、熟地、生地、人参洗净。
2. 麦冬、人参切薄片；猪骶骨洗净，斩段。
3. 全部材料放入炖盅内，加入适量凉开水，炖盅加盖，小火隔水炖3小时，加盐调味即可。

适用人群：适用于气血不足、容颜无华、阴虚内热者。

注意事项：脾虚湿滞，腹满便溏者不宜食用本汤。

银耳猪骨汤

清燥润肺、健胃生津。

原材料 猪脊骨750克，干银耳50克，青木瓜100克，红枣50克

调味料 盐5克

做法

1. 猪脊骨洗净，斩大件；青木瓜去皮、核，洗净，切块。
2. 银耳用水浸开，洗净，撕成小朵；红枣洗净，去核。
3. 把猪脊骨、青木瓜、红枣放入清水锅内，大火烧开后改小火煲1小时，放入银耳，再煲1小时，加入盐调味即可。

适用人群：一般人皆可食用。

注意事项：用红枣煲汤时应去核。

川贝炖猪骨

清热化痰、润肺散结。

原材料 猪瘦肉200克，鸡爪4只，猪骨150克，川贝12克，枇杷叶适量，红枣5克，干桂圆10克

调味料 盐5克，白糖3克，鸡精3克

做法

1. 猪瘦肉洗净，切块；猪骨洗净，斩段；鸡爪剁去趾甲，干桂圆去皮、核。
2. 锅中注水烧开，下入猪瘦肉、鸡爪、猪骨汆熟，捞出洗净。
3. 将所有原材料放入炖盅内，加入适量清水，入蒸锅隔水炖2小时，加入盐、白糖、鸡精即可。

适用人群：适用于咳嗽或咽干口燥者。

注意事项：筋粗的鸡爪煲汤更美味。

佛手瓜炖猪蹄髈

利尿排钠、温中益气。

原材料 佛手瓜100克，鸡肉200克，猪蹄髈1 000克，鸡爪400克

调味料 姜片10克，盐、味精、胡椒粉、白糖各适量

做法

1. 鸡肉洗净，切块；猪蹄髈洗净，斩块；佛手瓜洗净，切片；鸡爪洗净，斩去脚趾甲。
2. 锅中注水烧开，放入猪蹄髈、鸡肉、鸡爪汆烫，捞出沥干水分后放入炖盅内。
3. 再放入佛手瓜、姜片、适量清水，用大火隔水炖3小时，加入盐、味精、胡椒粉、白糖调味即可。

适用人群：一般人皆可食用。

注意事项：汤要炖久一点，味道会更好。

蚵干炖猪蹄

调理脾胃、补血止血、滋润肌肤。

原材料 猪蹄250克，蚵干100克，花生仁200克

调味料 盐5克，花生油适量

做法

1. 猪蹄去净毛，洗净，斩段，沥干水分，锅中加适量花生油，放入猪蹄，大火炸至金黄色。
2. 花生放入沸水中汆烫去皮，捞出洗净。
3. 将猪蹄、花生、蚵干放入炖盅内，加入适量清水，上笼蒸4小时，加入盐调味即可。

适用人群：人人都适合食用。

注意事项：高血压、高胆固醇、高脂血症、营养过剩、肥胖者少食。

参片猪肚汤

镇静安神、健脾益气。

原材料 参片25克，猪肚500克，红枣40克

调味料 盐5克

做法

1. 猪肚翻转，用盐搓净，再翻回正面，汆烫后捞出，切大片。
2. 将猪肚、参片、红枣一起放入炖锅，加入适量水以大火煮开。
3. 转小火炖50分钟，加入盐调味即可。

适用人群：此汤特别适合工作压力大的女性食用，能增强免疫力、改善体质，秋季食用效果更明显。

注意事项：红枣虽属进补佳品，但糖尿病患者不宜食用。

薏米猪肚汤

清热利尿。

原材料 车前草150克，薏米30克，红豆30克，猪肚1 000克，猪瘦肉250克，蜜枣15克

调味料 盐5克，生粉10克，花生油适量

做法

1. 车前草洗净，装入纱布袋中；薏米、红豆洗净。
2. 猪肚翻转，用花生油、生粉反复搓擦，以去除黏液和异味，洗净，汆水，切段；猪肉洗净切块。
3. 将清水1 000毫升注入瓦煲内，煮沸后加入所有原材料，大火煲沸后改小火煲2小时，加入盐调味即可。

适用人群：适用于泌尿系统感染、前列腺炎、前列腺增生等患者。

注意事项：本汤寒凉，而且薏米有滑胎作用，脾胃虚寒者及孕妇慎用。

酸菜猪肚汤

醒胃开胃。

原材料 咸酸菜100克，腐竹100克，白果30克，猪肚500克

调味料 盐5克，姜片15克

做法

1. 咸酸菜洗净，浸泡1小时，切条丝状；腐竹泡发，切成小段，洗净；白果去硬壳、皮膜及心，洗净；猪肚反复洗净，入开水锅汆水。
2. 将清水注入瓦煲内，煮沸后放入姜片、猪肚，大火煲沸后改小火煲2.5小时，取出猪肚，切片后再放入煲内，加酸菜、腐竹、白果再煲半小时，加入盐调味即可。

适用人群：用于消化不良、胃口欠佳者。
注意事项：白果有微毒，充分煮熟能使毒性减少，但亦不能过服，尤其是小儿。

木耳猪肠汤

止泻止痢、补虚润燥。

原材料 干无花果50克，干黑木耳20克，马蹄100克，猪肠400克，猪瘦肉150克，蜜枣3颗

调味料 盐5克，花生油适量，生粉5克

做法

1. 无花果、黑木耳洗净，浸泡1小时；马蹄去皮，洗净。
2. 猪肠翻转，用花生油、生粉反复搓擦，以去除秽味及黏液，冲洗干净，切段汆水。
3. 猪瘦肉洗净，切块，入沸水中汆烫。
4. 将清水2 000毫升注入瓦煲内，煮沸后加入所有原材料，大火煲沸后改用小火煲3小时，加盐调味即可。

适用人群：适合癌症手术后者，或大肠热盛引起的便秘患者。
注意事项：本汤寒凉，脾胃虚弱、气虚便秘者慎用。

酸菜粉丝猪肠汤

醒胃、清肠通便。

原材料 腌酸菜60克，干竹荪50克，粉丝30克，猪肠400克

调味料 姜丝5克，白糖3克，盐5克

做法

1. 腌酸菜浸泡1小时，洗净，切丝；竹荪折成约两个指节长短的条状，泡发洗净。
2. 粉丝泡发洗净；猪肠洗净，切段，氽烫。
3. 将清水800毫升注入瓦煲内，煮沸后放入酸菜、竹荪、姜丝，大火煲沸后改小火煲30分钟，加入粉丝和猪肠，煲至粉丝和猪肠熟，加入盐、白糖调味即可。

适用人群：用于胃口欠佳兼见大便不畅者。
注意事项：猪肠要清洗干净，否则会影响汤的口感。

双雪猪肺汤

滋阴润燥、补虚止血

原材料 雪梨250克、干银耳30克、木瓜500克、猪肺750克

调味料 盐、姜片、油各适量

做法

1. 雪梨去核、洗净，切成块；银耳浸泡，去除蒂部硬结，撕成小朵，洗净；木瓜去皮、籽，洗净，切成块状。
2. 猪肺注水挤压，直至血水去尽，洗净，切成块状，飞水；油锅烧热，放姜片，将猪肺干爆5分钟左右。
3. 瓦煲内盛清水，煮沸后加以上材料，大火煲沸后改小火煲3小时，加盐调味即可。

注意事项：寒凉、肺虚寒咳者慎用。
适用人群：用于秋燥或肺燥引起的咳嗽痰少、口咽干燥，皮肤干燥者。

杏仁猪肺汤

清肺化痰、止咳。

原材料 白菜干50克，南杏仁20克，北杏仁15克，猪肺750克，蜜枣20克

调味料 盐5克，姜片10克，油适量

做法

1. 白菜干浸泡1小时，洗净，切段；南杏仁、北杏仁洗净，温水浸泡，去皮、尖。
2. 蜜枣洗净；猪肺注水、挤压，反复多次，直至血水去尽，猪肺变白，切成块状，汆水；净锅烧热注油，放入姜片，将猪肺爆炒5分钟左右。
3. 将清水2 000毫升注入瓦煲内，煮沸后加入以上材料，大火煲滚后改小火煲3小时，加入盐调味即可。

适用人群：用于肺热、肺燥引起的咳嗽痰黄，或干咳少痰、大便干结者。

注意事项：本汤寒凉，肺虚寒咳者不宜食用。

霸王花猪肺汤

清燥润肺、止咳。

原材料 霸王花（干品）50克，猪肺750克，蜜枣15克

调味料 盐5克，姜10克，花生油适量

做法

1. 霸王花浸泡1小时，洗净；蜜枣洗净。
2. 猪肺注水，挤压，反复多次，直至血水去尽，猪肺变白，切成块状，汆水；净锅烧热，放入油，再放姜片，将猪肺干爆5分钟左右。
3. 将清水2 000毫升注入瓦煲内，煮沸后加入以上材料，大火煲沸后改小火煲3小时，加入盐调味即可。

适用人群：用于肺热、肺燥咳嗽患者。

注意事项：本汤较寒凉，肺虚、风寒咳嗽痰白者慎用。

沙参玉竹煲猪肺

润肺止咳、养心安神。

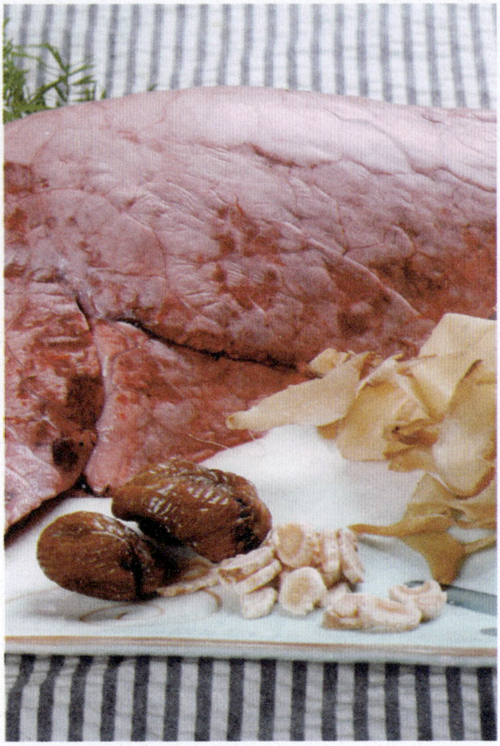

原材料 猪肺500克，北沙参、玉竹各9克，蜜枣10克

调味料 姜10克，盐适量

做法

1. 沙参、玉竹洗净，沥干水分，切段。
2. 猪肺灌水，挤压，反复多次，洗至血水消失，猪肺变白，切成块，汆水；蜜枣洗净。
3. 把所有材料与姜片一起放入锅中，加适量清水，煲沸后改中小火煲至汤浓，加入适量盐调味即可。

适用人群：身体虚弱、虚不受补、燥热者适合食用本汤。

注意事项：猪肺一定要用水冲洗干净，以去尽肺中血水为宜，这样可以保证汤的品质与口感。

茅根猪肺汤

清燥润肺、凉血止血。

原材料 鲜白茅根50克，雪梨200克，百合30克，猪肺800克

调味料 盐3克

做法

1. 鲜白茅根洗净；雪梨去核，切成块，洗净；百合洗净，浸泡1小时。
2. 猪肺灌水，挤压，反复多次，洗至血水消失，猪肺变白，切成块，汆水；净锅烧热，干爆猪肺5分钟。
3. 将适量清水注入瓦煲，煮沸后加入以上材料，大火煲沸后改小火煲3小时，最后加入盐调味即可。

适用人群：用于因肺热、肺燥而咳痰带血者。

注意事项：本汤寒凉，胃寒及肺虚寒咳者慎用。

杏仁桑白煲猪肺

清肺润燥、养阴止咳。

原材料 杏仁20克，桑白皮15克，猪肺250克

调味料 盐5克

做法

1. 猪肺灌水，挤压，反复多次，洗至血水消失，猪肺变白，切片，汆水；杏仁、桑白皮洗净。
2.将猪肺、杏仁、桑白皮一起放入瓦锅内，加适量清水煲至猪肺熟烂，加入盐调味即可。

适用人群：因秋冬气候干燥所引起的燥热咳嗽者可多饮用此汤，老人干咳无痰、大便燥结、咽干喉燥、心烦口渴者也可用本汤作食疗。

注意事项：猪肺不要买鲜红色的，充血的猪肺炖出来会发黑，最好选择颜色稍淡的猪肺。

萝卜炖猪肺

润肺燥、养肝阴、生津液。

原材料 猪肺250克，杏仁4克，白萝卜100克，鲜香菇50克

调味料 姜片10克，盐5克，味精5克，花生油适量

做法

1. 猪肺反复冲洗干净，切成大件；杏仁、香菇浸透洗净；白萝卜洗净，切块。
2. 将以上材料和姜片、适量清水倒进炖盅内，隔水炖之，先用大火炖30分钟，再用中火炖50分钟，最后用小火炖1小时。
3. 炖好后，用花生油、盐、味精调味。

适用人群：中气弱、脾胃虚、精血亏者宜食用。

注意事项：白萝卜忌和人参或胡萝卜一起食用。

北杏猪肺汤

止咳化痰、补肺。

原材料 猪肺250克，北杏仁10克

调味料 姜汁、盐各适量，陈醋少许

做法

1. 猪肺反复冲洗干净，切块，汆烫；北杏仁洗净备用。
2. 将猪肺和北杏仁放入炖锅中，加适量清水，大火煲1小时后改小火煲1小时，放入姜汁，用盐、陈醋调味即可。

适用人群：此汤适用于慢性支气管炎、肠燥便秘之人食用。

注意事项：月经期妇女慎用。

洋参猪血汤

清热润肠、通便。

原材料 西洋参15克，黄豆芽250克，猪血250克，猪瘦肉200克

调味料 姜片10克，盐适量

做法

1. 西洋参洗净；猪瘦肉洗净，切大块，入沸水中汆烫，捞出备用。
2. 黄豆芽去根和豆瓣，洗净；猪血洗净，切大片。
3. 将全部材料与姜片放入瓦煲中，加入适量清水，大火煮沸后改小火煲1小时，加盐调味即可。

适用人群：心烦气躁、失眠、黑眼圈者适合食用。

注意事项：黄豆芽不宜保存，建议现买现食。

桂圆猪皮汤

补血养颜、祛皱美颜。

原材料 红枣75克，当归20克，干桂圆肉30克，猪皮500克

调味料 盐5克

做法

1. 红枣去核，洗净；当归、桂圆肉洗净。
2. 猪皮切成块，洗净，入沸水中汆烫。
3. 将清水2 000毫升注入瓦煲内，水沸后加入全部材料，大火煲开后改小火煲3小时，加入盐调味即可。

适用人群：适用于因血虚而面色苍白、萎黄，肤色暗沉、无光泽，头晕、心悸、夜睡欠佳者食用。

注意事项：本汤温补滋腻，外感发热、湿热内盛者慎用；高血压、高血脂、冠心病者不宜多食本汤。

黑豆牛肉汤

滋补强身、利水消肿。

原材料 黑豆200克，牛肉500克

调味料 姜片30克，盐5克

做法

1. 黑豆淘洗干净，沥干水分。
2. 牛肉切块，放入沸水中汆烫，捞起洗净。
3. 黑豆、牛肉、姜片放入炖锅中，加适量清水以大火煮开，转小火慢炖50分钟，加入盐调味即可。

适用人群：一般人日常均可食用，肾病水肿者可多食。

注意事项：煮牛肉时，应该先将水烧开，再往锅内放入牛肉，这样不仅能保持肉中的营养成分，而且味道特别香。

香菇豆芽猪尾汤

补气益胃、生津润燥。

原材料 鲜香菇200克，黄豆芽200克，胡萝卜250克，猪尾500克

调味料 盐5克

做法

1. 猪尾洗净，剁段，放入开水中汆烫后捞出。
2. 香菇洗净，去蒂，切厚片；黄豆芽掐去根部，洗净沥干；胡萝卜削皮后切块。
3. 将所有材料放入炖锅中，加水至盖过材料，以大火煮开，转小火续煮40分钟，加盐调味即可。

适用人群：一般人皆可食用。

注意事项：尿酸高、痛风者不宜饮用本汤。

板栗脊骨汤

清肝火、降血压。

原材料 干菊花20克，夏枯草20克，猪脊骨600克，蜜枣3颗，板栗100克

调味料 盐5克

做法

1. 菊花、夏枯草洗净，放入纱布袋中，浸泡1小时；板栗去壳、内膜，洗净。
2. 猪脊骨斩块，洗净，焯水；蜜枣洗净。
3. 将清水1 600毫升放入瓦煲内，煮沸后加入以上材料，大火煲沸后改用小火煲2小时，加盐调味即可。

适用人群：用于头胀头痛、口干口苦、面红目赤者。

注意事项：脾胃虚寒者慎用。

杜仲桑寄生鸡汤

补肝益肾、强壮筋骨。

原材料 杜仲50克，桑寄生25克，鸡腿150克

调味料 盐5克

做法

1. 鸡腿剁块，放入沸水中汆烫，捞出冲净；杜仲、桑寄生洗净。
2. 鸡肉、杜仲、桑寄生一起放入锅中，加入清水至盖过材料。
3. 以大火煮沸后转小火续煮40分钟，加入盐调味即可。

适用人群：最适宜孕妇胎动、出血，以及肝肾虚弱、体能不足者食用。

注意事项：火气太大、消化不良、胀气、腹泻者慎食。

洋参炖乌鸡

补中益气、生津、滋阴润肺。

原材料 西洋参8克，红枣25克，乌鸡500克，川贝3克

调味料 盐5克，冰糖3克

做法

1. 乌鸡洗净，斩块，入沸水中汆去血水。
2. 西洋参、川贝、红枣洗净后放入炖锅中。
3. 所有材料入锅上火炖4小时，加入盐、冰糖调味即可。

适用人群：一般人皆可食用。

注意事项：感冒者慎食此汤。

桂圆鸡心汤

滋阴补血、养心安神。

原材料 鲜百合30克，干桂圆肉30克，鸡心150克

调味料 花生油3毫升，姜丝2克，白糖2克，生粉1克，盐适量

做法

1. 鲜百合掰成片状，洗净；桂圆肉洗净，略浸泡。
2. 鸡心剖开，洗净腔内淤血，放入花生油、姜丝、白糖、生粉、盐稍腌渍。
3. 将清水800毫升与桂圆肉一起放入瓦煲内，煮沸后加入鲜百合，再煮沸5分钟，放入鸡心，小火煲至鸡心熟，加盐调味即可。

适用人群：心悸烦躁、失眠多梦者可多食用本汤。

注意事项：外感发热者慎食本汤。

百合熟地鸡蛋汤

宁心安神、补血滋阴、补精益髓。

原材料 干百合、熟地各50克，鸡蛋120克

调味料 蜜糖适量

做法

1. 百合用清水浸泡1小时，捞出削去黄尖，洗净；熟地洗净。
2. 鸡蛋煮熟，去壳。
3. 把全部材料放入炖盅内，加入适量清水，大火煮沸后改小火煲1小时，调入适量蜜糖调服。

适用人群：更年期阴亏内热、心神不安、失眠多梦、精神恍惚者可多食用本汤。

注意事项：长期大剂量地服用生、熟地黄可引发水肿，如果出现这种症状，应及时调整用量，必要时应咨询医生。

苏木煲鸡蛋

活血补血、舒筋活络。

原材料 苏木20克，鸡蛋2个

调味料 冰糖适量

做法

1. 苏木和鸡蛋放入锅中加适量清水同煮。
2. 鸡蛋煮熟后去壳，继续煮至剩一碗水，加入冰糖调味即可。

适用人群：适合于闭经、月经不调、贫血、面色苍白的妇女食用。

注意事项：孕妇忌用。

酸菜鸭汤

健脾养胃。

原材料 鸭肉400克，腌酸菜100克

调味料 葱段15克，姜片10克，盐5克，料酒10毫升，味精3克

做法

1. 腌酸菜洗净，切丝；鸭肉洗净，剁块。
2. 将鸭块放入炖锅中，调入少许盐和料酒同煮，煮沸后改小火续煮约40分钟，至鸭肉熟软。
3. 将鸭块和汤转入汤煲中，加入酸菜、葱段、姜片，续煮约10分钟，至汤中有酸菜味道，调入盐、味精即可。

适用人群：一般人皆可食用。

注意事项：第一次加入盐是为了让鸭肉有点咸味，第二次加入盐要等到酸菜本身的咸味完全渗出后再加，否则汤很容易咸。

第八章

冬季宜喝的养生汤

冬季天气寒冷，人体需要更多的热量来维持生理需求和提高机体免疫力。由于气候寒冷，人很容易患感冒，所以冬天应选择食用具有补气、滋养作用的食物。冬季喝汤不仅利于消化吸收，还可以养身健身，增强人体抵抗力，净化血液，更能及时清除病毒，有效地预防感冒的发生。

熟地乌鸡汤

填精添髓、补脏益智。

原材料 乌鸡1 000克，熟地150克

调味料 红糖150克

做法

1. 将乌鸡宰杀，去毛、内脏，洗净备用。
2. 熟地洗净，切成条，加入红糖拌匀，装入鸡腹内。
3. 将鸡仰置于炖盅内，加入适量清水用小火炖熟即成。

适用人群：适宜记忆力减退、神疲气短等症者食用。

注意事项：有外感疾患者不能食用本汤。

桑葚乌鸡汤

滋阴凉血。

原材料 桑葚30克，紫草10克，熟地30克，丹皮5克，侧柏叶10克，乌鸡700克

调味料 盐适量

做法

1. 将乌鸡宰杀，去毛及内脏，洗净备用。
2. 将所有药材洗净，放入乌鸡腹腔里，用线或绳捆扎好，放入锅中，加适量清水炖煮。
3. 煮至鸡肉熟烂，加入盐调味即可，饮汤吃鸡肉。

适用人群：适用于阴虚血热之白发、脱发者。

注意事项：有外感疾患者不能食用本汤。

田七炖鸡

补气养血、祛斑生新。

原材料 田七12克，干香菇30克，鸡肉500克，红枣25克

调味料 姜片、大蒜各少许，盐5克

做法

1. 将田七打碎，洗净；香菇用温水泡发，洗净。
2. 把鸡肉洗净，斩块；红枣洗净，去核。
3. 将所有原材料放入瓦煲中，加入姜片、大蒜，注入适量清水，小火炖之，待鸡肉烂熟，加入盐调味即可。

适用人群：一般人皆可食用。

注意事项：香菇性滞濡，中寒与滞均者不宜食用，痧痘后也应忌食。

板栗香菇鸡汤

益气养血、滋阴补肾。

原材料 板栗500克，干香菇50克，净鸡500克

调味料 姜片5克，盐、花生油各适量

做法

1. 板栗去皮；香菇去蒂洗净切块；净鸡洗净后去内脏，斩块洗净。
2. 将全部材料与姜片一起放入瓦煲内，加清水2 500毫升。
3. 大火煲沸后改小火煲2小时，调入适量盐和少许花生油即可。

适用人群：一般人皆可食用。

注意事项：板栗、香菇、鸡肉可捞起拌入老抽佐餐用。

四物鸡汤

降低胆固醇、舒缓解压。

原材料 鸡腿150克，熟地25克，当归15克，川芎5克，炒白芍10克

调味料 盐5克

做法

1. 鸡腿洗净，剁块，放入沸水中汆烫，捞出用清水洗净；中药材以清水冲净。
2. 将鸡腿和所有药材放入炖锅内，加入适量清水，以大火煮开后转小火继续炖40分钟。
3. 起锅前加盐调味即可。

适用人群：此汤是老少皆宜的冬季滋补药膳，对女性朋友尤为适宜。
注意事项：凡阴虚火旺、多汗及月经量过多者应慎用川芎。

石斛炖母鸡

益气、养血、补虚。

原材料 当归15克，党参15克，石斛10克，母鸡500克

调味料 姜片5克，葱段3克，绍酒适量，盐5克

做法

1. 将母鸡宰杀后去毛及内脏，洗净。
2. 将当归、石斛、党参、葱段、姜片、绍酒、盐放入鸡腹内，把鸡肚朝上放入砂锅内，加入适量清水。
3. 先将砂锅置于大火上烧沸，再改小火炖熬至鸡肉熟透即成。

适用人群：适用于久病体衰、反胃少食者食用。
注意事项：不要选购霉变或劣质的药材。

鹿茸黄芪鸡汤

补气益气。

原材料 鸡肉500克，鹿茸20克，黄芪20克

调味料 盐5克，味精3克，姜10克

做法

1. 将鹿茸片用清水洗净；黄芪洗净；姜去皮，洗净，切片。
2. 将鸡肉洗净，切块，放入沸水中焯去血水后捞出，沥干水分。
3. 炖锅内注入适量清水，倒入所有材料，大火煲沸后改小火煲3小时，加入盐、味精调味即可。

适用人群： 一般人皆可食用。
注意事项： 阴虚阳亢、血热、胃火盛、肺有痰热及外感热病者都不宜服用鹿茸。

黄芪鸡汤

补中益气。

原材料 黄芪20克、童子鸡1只（约500克）

调味料 葱、姜、盐、味精、料酒、花椒水各适量

做法

1. 童子鸡洗净，切成小块，放入沸水中汆去血水，再放入瓦煲内。
2. 黄芪冲洗干净，放入瓦煲内，加适量水,小火煮2小时，再放入其他调味料即成。

适用人群： 主要适用于因中气不足而体倦乏力、不思饮食者。
注意事项： 内有积滞，疮疡者不宜食用黄芪。

菠菜鸡肝汤

养肝明目。

原材料 菠菜、鸡肝各50克

调味料 盐、香油、味精各适量

做法

1. 菠菜洗净，切段；鸡肝洗净，切片。
2. 锅内注水约750毫升，烧沸后下入鸡肝，水沸后下入菠菜，并加入适量盐、香油、味精，煮沸后即可。

适用人群：适合视力模糊、双目干涩者食用。

注意事项：煮食前先将菠菜投入开水中快焯一下，可除去菠菜的涩味。

花生煲鸡爪

美容丰胸。

原材料 鸡爪500克，花生仁100克，干香菇20克

调味料 姜15克，料酒15毫升，盐5克，味精3克

做法

1. 鸡爪洗净，去趾甲；花生仁泡水6小时；香菇泡发洗净；姜去皮洗净，切片。
2. 锅中注水烧开，调入料酒，放入鸡爪汆烫，至水再沸，捞出洗净。
3. 锅中注水适量，放入花生仁、香菇、姜片、料酒、鸡爪，煮至鸡爪软，调入盐、味精即可。

适用人群：一般人皆可食用，特别是皮肤粗糙、胸部不丰满的女性。

注意事项：加料酒汆烫鸡爪可以去除鸡爪的腥味。

淫羊藿鸡汤

滋补肾阳、强壮筋骨。

原材料 巴戟天15克，淫羊藿15克，红枣4颗，鸡腿500克

调味料 料酒5毫升，盐5克

做法

1. 鸡腿洗净，剁块，放入沸水中汆烫，捞起用清水冲净。
2. 巴戟天、淫羊藿、红枣洗净，一起放入纱布袋中备用。
3. 将鸡肉、纱布袋放入瓦煲，加适量水，大火煮开后加入料酒，转小火续炖30分钟，加盐调味即可。

适用人群： 肾气虚弱、遗精、阳痿等性功能障碍者，不孕、月经失调者都适合食用。

注意事项： 虚火旺、性欲亢进者不宜食用本汤。

桑寄生何首乌鸡蛋汤

养血补肾、黑发养颜。

原材料 桑寄生30克，何首乌60克，红枣30克，鸡蛋120克

调味料 红糖适量

做法

1. 桑寄生、何首乌分别洗净。
2. 红枣洗净，浸软，去核。
3. 将全部材料放入砂锅内，加入适量清水，大火煮沸后改小火煮30分钟，捞起鸡蛋去壳，再放入煮1小时，加入红糖煮沸即可。

适用人群： 用于血虚体弱、须发早白、头晕眼花、未老先衰者，亦可用于肾虚湿重之腰膝疼痛、四肢麻木者。

注意事项： 红枣去核可去燥，所以煲汤时记得将枣核去掉。

西洋参炖乳鸽

滋补益气、补肺健脾。

原材料 乳鸽80克，西洋参40克，干山药30克，红枣25克

调味料 姜10克，盐5克

做法

1. 西洋参略洗，切片；山药洗净，加入清水浸半小时；红枣洗净；乳鸽去毛及内脏，切块。
2. 把全部材料放入炖盅内，加入适量开水，盖好，隔水用小火炖3小时。
3. 加入盐调味即可。

适用人群：一般人皆可食用。
注意事项：体寒者忌服西洋参。

续断炖水鸭

温肾壮阳。

原材料 肉苁蓉15克，续断10克，黄芪15克，五味子10克，水鸭500克，上汤适量

调味料 料酒10毫升，葱10克，姜5克，胡椒粉3克，盐5克，味精3克

做法

1. 将所有中药洗净，装入纱布袋，扎紧袋口；水鸭洗净，去爪，切块，入沸水锅内氽去血水；姜洗净拍松，葱洗净切段。
2. 将药包、水鸭、姜、葱、上汤、料酒同放入炖锅内，大火烧沸后再以小火炖2小时，加入盐、味精、胡椒粉调味即可。

适用人群：适用于肝肾虚损、阳痿、精冷、精少、精稀等患者。

芡实白果老鸭汤

补中益气、健脾和胃。

原材料 芡实60克，白果90克，老母鸭600克

调味料 黄酒、盐各适量

做法

1. 将芡实洗净；白果去壳、皮、心，洗净。
2. 老母鸭宰杀，去毛、内脏，洗净，斩成小块，入沸水中汆水，捞出沥干水分。
3. 起油锅，放入鸭块爆炒3分钟，烹入黄酒，加入适量清水，大火煮沸后改小火煲2小时，加入芡实、白果再煮1小时，加入盐调味即可。

适用人群：一般人皆可食用。
注意事项：感冒及因阴虚而常腹泻者应忌食鸭肉。

茯苓水鸭汤

补脾益气、安心养神。

原材料 党参15克，茯苓10克，红枣30克，水鸭500克

调味料 盐、味精各适量

做法

1. 水鸭洗净，剁块，放入沸水中汆烫，捞起冲净；所有中药材洗净。
2. 鸭肉、党参、茯苓、红枣一起放入炖锅中，加入适量清水，以大火煮沸后转小火续炖30分钟。
3. 起锅前加入盐、味精调味即成。

适用人群：适合气喘、气血两虚而脸色苍白、神疲体倦、身体水肿者饮用。
注意事项：积痰吐不出、消化不良者应慎食本汤。

熟地水鸭汤

养阴滋肾。

原材料 枸杞30克，熟地100克，女贞子50克，水鸭1 000克

调味料 姜片5克，米酒、胡椒粉、味精、盐各适量

做法

1. 水鸭处理干净，洗净切小块；中药材洗净。
2. 锅内注水烧开，放入米酒，倒入鸭块汆去血水，捞出洗净。
3. 将鸭块、药材、姜片一同放入炖锅中，加适量清水，大火煲开后转小火熬煮至鸭肉熟烂，加入盐、味精、胡椒粉调味即可。

适用人群：适合有黄褐斑，同时兼腰膝酸软、形体消瘦、眩晕耳鸣、午后潮热等症的妇女食用。

注意事项：水鸭一定要汆水，否则汤会有腥味。

杜仲鹌鹑汤

补益肝肾、强壮筋骨。

原材料 鹌鹑1只，杜仲50克，干山药100克，枸杞25克，红枣5颗

调味料 姜片10克，盐5克，味精3克

做法

1. 鹌鹑洗净，去内脏，剁成块。
2. 杜仲、枸杞、山药、红枣、姜片洗净。
3. 把全部材料和姜片放入炖锅内，加适量清水，大火煮沸后改小火煲3小时，加盐、味精调味即可。

适用人群：脾虚泻痢、小儿疳积、风湿痹证者适合食用。

注意事项：鹌鹑忌与猪肝及菌类食物一同食用。

百合柿饼鹌鹑蛋汤

润肺燥、益肺气、清痰火。

原材料 鹌鹑蛋100克，干百合8克，柿饼100克

调味料 冰糖适量

做法

1. 鹌鹑蛋煮熟后去壳；百合洗净，稍浸泡；柿饼洗净，切小块。
2. 把全部材料放入锅内，加适量清水，大火煮沸后改小火煲至百合熟，加入适量冰糖调成甜汤即可。

适用人群：此汤适合肺燥、咽干口燥、咳嗽气短、睡眠不宁者食用。
注意事项：风寒咳嗽、中气虚寒、二便滑泄者忌食。

罗汉果菠菜鸡胗汤

清热凉血、排毒祛湿。

原材料 鸡胗200克，菠菜150克，罗汉果50克，杏鲍菇30克，高汤适量

调味料 花生油适量，姜20克，盐5克，味精3克，胡椒粉3克

做法

1. 鸡胗洗净，切成片；菠菜择洗净；杏鲍菇洗净，对切开；姜去皮，切片。
2. 净锅上火，注油烧至七成热时，下入鸡胗爆香，捞起。
3. 炖锅中加适量高汤，下入所有材料和姜片，一起煮40分钟，加入盐、味精、胡椒粉调味即可。

适用人群：便秘及各类炎症者适合食用。
注意事项：鸡胗过油后可在开水中稍氽一下，以去除油渍。

香菇瘦肉汤

补气健脾、滋阴润肺。

原材料 猪瘦肉750克，党参25克，干香菇100克，枸杞5克

调味料 姜10克，盐、味精各适量

做法

1. 香菇浸发，剪去蒂，洗净；党参、姜、枸杞洗净备用。
2. 猪瘦肉洗净，切块，汆水备用。
3. 把全部材料和姜片放入清水锅内，以大火煮沸后改小火煲2小时，加入盐、味精调味即可。

适用人群： 病后体弱、脾胃气虚、食欲不振、形体虚羸、短气懒言、神疲乏力者适合食用。

注意事项： 香菇的蒂中夹有许多沙土，所以在煲汤前需剪去。

虾丸瘦肉汤

补肾壮阳、通乳。

原材料 虾丸150克，猪瘦肉50克，肉桂5克，薏米25克

调味料 盐、味精各适量，姜15克

做法

1. 虾丸洗净，对半切开；猪瘦肉洗净后切成小块；姜洗净拍烂。
2. 肉桂洗净，薏米淘净。
3. 将以上材料和姜放入砂锅内，加入适量清水，待水开后，先用中火炖1小时，再用小火炖1小时，加入盐、味精调味即可。

适用人群： 乳少的产妇、麻疹透发不畅者适合食用本汤。

注意事项： 不要选购霉变或劣质的中药材。

高粱排骨汤

补脾益气、润肺止咳。

原材料 高粱100克，红枣50克，甘草15克，白萝卜250克，猪排骨250克

调味料 盐5克

做法

1. 高粱淘洗净，以清水浸泡1小时，沥干；红枣、甘草洗净。
2. 排骨洗净，斩小段，汆水，捞起洗净；白萝卜削皮，洗净，切块。
3. 将所有材料放入炖锅内，加入适量清水，大火煮沸后转小火炖约40分钟，加入盐调味即可。

适用人群：一般人皆可食用。

注意事项：脘腹胀满、呕吐及水肿者应禁用甘草。

萝卜排骨汤

下气消食、除痰润肺。

原材料 白萝卜500克，猪排骨250克

调味料 葱15克，盐、味精各适量

做法

1. 将白萝卜去皮，洗净，切片。
2. 排骨洗净，斩小块，汆水；葱洗净，切成葱花。
3. 将排骨放入砂锅内，加入适量清水，大火煮沸后用中火煲至肉脱骨，再加入萝卜、葱花煮熟，加入盐、味精调味即可。

适用人群：厌食的小儿可食用本汤。

注意事项：白萝卜不能和人参、胡萝卜一起食用。胃肠功能不佳者，先兆流产、子宫脱垂患者勿食。

花旗参银耳燕窝汤

滋补益气、润肺止咳。

原材料 花旗参15克，干银耳20克，燕窝35克

调味料 冰糖适量

做法

1. 花旗参洗净，切片；银耳用清水泡开撕成小朵，洗净；燕窝用清水浸泡，去杂质，洗净。
2. 将花旗参、银耳、燕窝一起放入炖盅内，加适量开水，盖好，以小火隔水炖3小时，用冰糖调味即可。

适用人群：此汤适宜热伤气阻之人食用。

注意事项：服用此汤时忌食白萝卜。

猪脊骨补腰汤

坚筋骨、壮腰脊、理肾气、消积滞。

原材料 杜仲10克，肉苁蓉10克，巴戟天5克，狗脊5克，牛大力10克，怀牛膝10克，黑豆20克，猪脊骨250克

调味料 盐适量

做法

1. 猪脊骨洗净，放入沸水中焯水3分钟，洗净待用。
2. 黑豆洗净，用清水浸泡30分钟。
3. 其他药材洗净，和猪骨、黑豆一起放入瓦煲中，加入适量清水，大火煲开后改小火煲2小时。
4. 加入盐调味即可。

适用人群：适合腰肌劳损、下背酸痛，四肢无力，体质虚弱者食用。

注意事项：选购牛大力时，以片大、色白、粉质、味甜者为佳。

二冬生地炖脊骨

滋阴补髓、滋养容颜。

原材料 猪脊骨250克，天冬、麦冬各50克，熟地、生地各100克，人参25克

调味料 盐、味精各适量

做法

1. 天冬、麦冬、熟地、生地、人参洗净。
2. 猪脊骨洗净，斩段，汆去血水，捞出。
3. 将全部材料放入炖盅内，加入适量开水，盖好盅盖，隔水用小火炖约3小时，加入盐、味精调味即可。

适用人群：适合气血不足、容颜衰老、津血亏虚、肾阴不足、阴虚内热者食用。

注意事项：麦冬性味苦寒，故虚寒泄泻、湿浊中阻、风寒或寒痰咳喘者均应禁服。

骨碎补猪脊骨汤

补肾镇痛、活血壮筋、续骨疗伤。

原材料 骨碎补30克，猪脊骨500克，红枣25克

调味料 盐5克

做法

1. 骨碎补洗净，浸泡1小时；红枣洗净，去核。
2. 猪脊骨斩段，洗净，汆水。
3. 将清水2 000毫升注入瓦煲内，煮沸后加入以上材料，大火煲沸后改小火煲3小时，加入盐调味即可。

适用人群：适合腰肌劳损、肩周炎、骨质增生、椎间盘突出等引起疼痛的亚健康人群。

注意事项：阴虚内热或无淤血者慎服。

海底椰煲龙骨

润肺养颜、祛风活血、抗衰老。

原材料 海底椰50克，核桃仁25克，陈皮10克，龙骨500克

调味料 盐适量

做法

1. 龙骨剁成段，放入开水锅内汆烫，捞出后用清水洗净，放入汤锅内。
2. 汤锅置于火上，海底椰、陈皮、核桃仁洗净后放入，加入清水1 500毫升，大火烧沸后继续用中火煲3小时。
3. 加入盐调味即可饮汤食肉。

适用人群：肾肺两虚、咳嗽、皮肤瘙痒、风湿病患者适合食用。

注意事项：汤出锅前放入盐，口感会更好。

香菇炖猪蹄

补虚益气、健脾和胃。

原材料 猪蹄500克，鲜香菇150克，枸杞15克，高汤适量

调味料 绍酒10毫升，盐3克，味精2克，姜10克，胡椒粉适量

做法

1. 猪蹄去净毛，洗净，对半剖开；枸杞去果柄、杂质，洗净；香菇去蒂头，洗净，切薄片；姜洗净，切片。
2. 将猪蹄放入沸水中汆去血沫，捞出。
3. 将枸杞、猪蹄、香菇、姜片、绍酒一起放入炖锅内，加入适量高汤，置于大火上烧沸，再用小火炖3小时，加入盐、味精、胡椒粉调味即可。

适用人群：脾胃虚弱、四肢乏力者适合食用。

注意事项：猪蹄上的毛一定要去干净，否则影响口感。

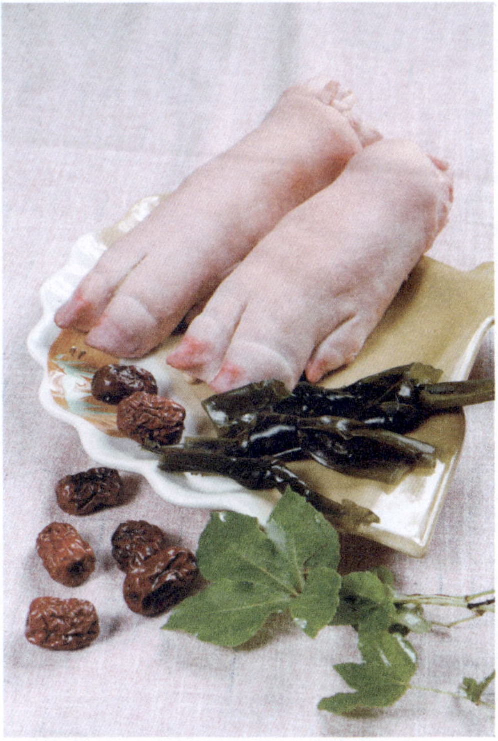

海带煲猪蹄

补中益气、养血安神。

原材料 猪蹄300克，水发海带100克，红枣50克

调味料 葱20克，绍酒10毫升，盐5克，味精5克，胡椒粉2克

做法

1. 猪蹄去净毛，洗净，斩块；水发海带切成小片；葱择洗净，切花；红枣洗净，去核。
2. 锅内注水烧开，放入猪蹄，氽去血水，倒出冲洗干净。
3. 将瓦煲置于火上，放入猪蹄、海带、红枣、绍酒，加入适量清水，大火煲开后转小火煲30分钟至汤白，加入盐、味精、胡椒粉调味，再煲5分钟，撒入葱花即可。

注意事项：猪蹄一定要新鲜的，先氽去血水，不然汤汁不白。

适用人群：一般人皆可食用。

百合桂圆猪脑汤

清心润肺、宁神醒脑。

原材料 鲜百合150克，干桂圆肉20克，猪脑250克

调味料 盐5克，姜片10克，味精适量

做法

1. 鲜百合剥成片状，洗净；桂圆肉洗净。
2. 猪脑放入清水中漂洗干净，去除表面黏液，撕去表面黏膜，用牙签或镊子挑去血丝筋膜，洗净，入沸水中稍烫后捞起。
3. 将清水750毫升注入瓦煲内，煮沸后放入桂圆肉、鲜百合、姜片，煮10分钟后放入猪脑，小火煲至猪脑熟透，加入盐、味精调味即可。

适用人群：适合因学习紧张、工作疲劳而头晕目眩、心烦失眠、记忆力下降者食用。

黑豆红枣猪尾汤

健脾益气。

原材料 黑豆50克，红枣30克，猪尾500克

调味料 盐适量

做法

1. 黑豆洗净，用清水浸泡1小时，沥干水分。
2. 红枣浸软，去核，洗净；猪尾去毛，洗净，切段。
3. 将全部材料放入砂锅内，加入适量清水，大火煮沸后转小火煲4小时，加入盐调味即可。

适用人群：一般人皆可食用。

注意事项：外感风寒者不宜饮用本汤。

丹参猪心汤

安神益智、消除疲劳。

原材料 猪心500克，猪瘦肉100克，人参10克，黄芪10克，丹参10克

调味料 姜10克，盐适量

做法

1. 猪心洗净，切片；猪瘦肉洗净，切块；所有药材洗净；姜洗净，切片。
2. 锅内加适量清水烧开，放入猪心、猪瘦肉氽去血污，再捞出洗净。
3. 将猪心、猪瘦肉、姜片和所有药材一起放入瓦煲内，加适量清水，大火煲沸后改小火煮约2小时，加入盐调味即可。

适用人群：一般人皆可食用，特别适合因心血不足而心悸者。

注意事项：丹参和藜芦不可一起食用；有出血症的人慎用本汤。

柏子猪心汤

养血补心。

原材料 柏子仁15克，猪心300克

调味料 盐、面粉各适量

做法

1. 柏子仁洗净。
2. 猪心剖开，放在清水中浸泡10分钟，捞出后取少许面粉撒在上面，用手反复揉搓，边揉边加面粉，最后用清水洗净，切小块，汆水。
3. 将全部材料放入炖盅内，加入清水至淹过材料，隔水炖2小时，加入盐调味即可。

适用人群：一般人皆可食用。

注意事项：便溏及多痰者慎用。

莲子枸杞炖猪肚

补脾和胃、润肺养心、养血强身。

原材料 猪肚600克，莲子20克，枸杞10克

调味料 姜片10克，盐5克，味精3克，胡椒粉1克，花生油适量

做法

1. 猪肚洗净，煮熟后取出切片；莲子、枸杞洗净，泡发。
2. 净锅上火，注油烧热，下入猪肚爆香，装入炖盅内。
3. 放入莲子、枸杞、姜片，加入适量清水，隔水炖2小时，加入盐、味精、胡椒粉调味即可。

适用人群：一般人皆可食用。

注意事项：洗猪肚时，可加入适量生粉和白酒，反复搓洗，很容易洗干净。

姜桂猪肚汤

健脾胃、补虚损、通血脉、利水。

原材料 姜50克，肉桂3克，猪肚500克

调味料 盐适量

做法

1. 姜洗净，切片；肉桂洗净。
2. 猪肚搓洗干净，放入开水中煮5分钟，捞起洗净。
3. 将全部材料放入砂锅内，加适量清水，大火煮沸后改小火炖至猪肚熟烂，加入盐调味即可。

适用人群：适合更年期胃脘痛的妇女饮用。

注意事项：煮猪肚时，千万不能先放盐，等煮熟后再放盐，否则猪肚会缩得跟牛筋一样硬。

香菇猪肚汤

补益气血、健脾胃。

原材料 猪肚220克，干香菇5朵

调味料 鸡精、盐各适量

做法

1. 猪肚洗净，焯水后切成条或片；香菇泡发，去蒂，洗净待用。
2. 将切好的猪肚及发好的香菇放入炖盅内用中火隔水蒸2小时。
3. 加入盐、鸡精调味即可。

适用人群：一般人皆可食用。

注意事项：清洗猪肚时一定要去掉表面那层黏液。

四神猪肚汤

补虚益气，调理脾胃。

原材料 猪肚500克，莲子200克，鲜山药200克，芡实100克，薏米100克

调味料 盐5克

做法

1. 猪肚洗净，汆烫后捞起，洗净切大块。
2. 芡实、薏米淘洗净，以清水浸泡1小时，沥干；山药削皮，洗净，切块；莲子冲净，去心。
3. 将除莲子、山药外的其他材料放入炖锅内，加适量清水，用大火煮沸后转小火慢炖约30分钟，再加入莲子和山药续炖30分钟，待猪肚熟烂，加入盐调味即可。

适用人群：一般人皆可食用。
注意事项：薏米有兴奋子宫的作用，因此体质虚弱的孕妇不宜食用。

麦冬炖猪肚

滋阴补虚。

原材料 猪肚500克，麦冬20克

调味料 盐5克，味精2克，胡椒粉2克，姜10克

做法

1. 猪肚洗净，入锅中煮熟后捞出；姜洗净，切片。
2. 将煮熟的猪肚切成条；麦冬洗净。
3. 将猪肚条、麦冬、姜片装入瓦煲内，加入适量清水，以大火煮沸后转小火煲1小时，加入盐、味精、胡椒粉调味即可。

适用人群：一般人皆可食用。
注意事项：挑选猪肚时，要注意不要买到病猪肚。

丝瓜猪肝汤

养阴清热。

原材料 丝瓜300克，猪肝100克

调味料 姜10克，生粉、料酒、盐各适量

做法

1. 丝瓜削皮，洗净，切段。
2. 猪肝切片，用清水浸泡5分钟，洗净，沥干水分，加入料酒、生粉拌匀，腌渍5分钟。
3. 姜洗净，切片；起油锅，下入姜片、丝瓜略爆，加入适量清水，煮沸后放入猪肝，煮至猪肝熟，加入盐调味即可。

适用人群：一般人皆可食用。

注意事项：脾胃虚寒者不宜食用本汤。

南瓜猪肝汤

健脾、养肝、明目。

原材料 南瓜250克，猪肝250克

调味料 盐、味精、香油各适量

做法

1. 南瓜去皮、瓤，洗净，切块。
2. 猪肝洗净，切片。
3. 南瓜、猪肝一起放入锅中，加1 000毫升清水，煮至瓜烂肉熟，加入调味料调匀即可。

适用人群：适于夜盲症患者。

注意事项：服用维生素C时应忌食猪肝。高胆固醇、肝病、高血压和冠心病患者应少食或不食猪肝。

豆芽猪腰汤

滋肾润燥、益气生津。

原材料 猪腰300克，黄豆芽250克，党参20克

调味料 盐、料酒、花生油各适量

做法

1. 猪腰洗净，剖开切去白脂膜，切片，用料酒、花生油、盐拌匀，腌渍10分钟。
2. 黄豆芽洗净，去根；党参洗净。
3. 把党参放入瓦煲内，加适量清水，大火煮沸后加入黄豆芽，小火煲15分钟，再加入猪腰煲15分钟，加入盐调味即可。

适用人群：此汤适合燥热伤阴或气阴两伤者食用。

注意事项：胃寒或痰湿者不宜食用本汤。

薏米猪肠汤

滋补强身、润肺通肠。

原材料 薏米20克，猪小肠120克

调味料 米酒5毫升，姜粉、盐各适量

做法

1. 薏米洗净，用热水泡1小时；猪小肠洗净，放入开水中汆烫至熟，切小段。
2. 将猪小肠、薏米放入锅中，加适量清水煮沸，放入米酒，转中火续煮30分钟。
3. 加入盐、姜粉调味即可。

适用人群：一般人皆可食用。

注意事项：猪肠是含胆固醇较高的食物，宜少量食用。此汤中的猪小肠也可用魔芋或素肠来代替，以增加膳食纤维的摄取。

双麻猪肠汤

提中气、补虚润肠。

原材料 黑芝麻100克，升麻15克，猪肠200克

调味料 黄酒、盐、葱、姜各适量

做法

1. 将黑芝麻、升麻洗净。
2. 猪肠用盐擦洗干净，放入开水中稍烫，再用冷水冲洗干净。
3. 葱、姜洗净，葱切段，姜切片。
4. 将黑芝麻、升麻放入猪肠内，两头扎紧，放入砂锅内，加入葱段、姜片、黄酒及适量清水，大火煮沸后改小火煲3小时，加入盐调味即可。

适用人群：适用于子宫脱垂、便秘患者。
注意事项：急慢性胆囊炎、胆结石患者应忌食猪肠等高脂肪食物。

地龙猪肺饮

清热化痰、止咳平喘。

原材料 杏仁5～10克，莱菔子30克，地龙3～5克，猪肺500克

调味料 花生油、姜片、葱段、盐各适量

做法

1. 猪肺注水，挤压，反复多次，直至血水去尽，猪肺变白，切成块状，汆水。
2. 净锅注油烧热，放入姜片，将猪肺爆炒5分钟左右。
3. 杏仁洗净，用温水浸泡。
4. 将所有原材料和姜片、葱段放入瓦煲内，注入清水2 000毫升，用大火煮沸后改小火煲2小时，加入盐调味即可。

适用人群：咳嗽、咽干、舌燥、痰黏者适合食用。
注意事项：中老年人最好少食此汤。